Otto Scheffels

Ueber Sehnervenresection

Otto Scheffels

Ueber Sehnervenresection

ISBN/EAN: 9783744613323

Hergestellt in Europa, USA, Kanada, Australien, Japan

Cover: Foto ©berggeist007 / pixelio.de

Weitere Bücher finden Sie auf **www.hansebooks.com**

parat-Abdruck aus den „Klin. Monatsblättern für Augenheilkunde“.
Juni-Heft. 1890.

Ueber Sehnervenresection.

Mittheilung aus der Augenheilanstalt zu Wiesbaden.

Von

Dr. med. Otto Scheffels,
Hausarzt der Anstalt.

Bei dem grossen Interesse, welches das Studium der
ympathischen Ophthalmie in neuester Zeit wieder gewonnen
at, ist es entsprechend dem Grundzug unserer modernen
issenschaftlichen Forschung nicht zu verwundern, dass in
en letzten Jahren eine Reihe von Thierversuchen angestellt
nd veröffentlicht wurden, die, auf bakteriologischer Grund-
age fussend, uns das bislang so räthselhafte Wesen der
ympathischen Ophthalmie klären sollten. Nach den be-
eutsamen Veröffentlichungen Deutschmann's erschien
uch wirklich Vielen diese bis dahin noch ungelöste Frage in
efriedigender Weise erledigt. Allein trotz der von hervor-
agender Seite der Deutschmann'schen Theorie zutheil
ewordenen Anerkennung gab es doch Manche, die sich
egen diese.in ihren Grundzügen nur auf Thierversuchen
asirende Theorie ablehnend verhielten, in der Meinung,
olche Fragen liessen sich überhaupt nicht durch's Thier-
xperiment, sondern lediglich erst durch reiche klinische
rfahrung definitiv erledigen; ganz abgesehen davon, dass
on Einigen auch die Exactheit und Richtigkeit der Deutsch-
ann'schen Experimente stark bezweifelt wurde.

Und diese ablehnende Haltung aus klinischen Bedenken
at ihre volle Berechtigung!

1

Ist die Ciliarnerventheorie wirklich falsch und findet die Ueberleitung des die sympathische Ophthalmie erregenden Virus ausschliesslich auf dem Sehnervenwege statt — wobei zunächst ganz und gar von der Natur dieses Virus, ob Bakterium, ob chemisches Agens etc. abgesehen werden soll — dann muss als nothwendige Forderung die früh und ausgiebig genug ausgeführte Resection des Opticus in allen Fällen im Stande sein, die sympathische Ophthalmie zu verhüten.

Wenn auch nur in einem einzigen Fall von rite ausgeführter Resection sympathische Ophthalmie eintritt, dann erleidet die ganze Theorie von der Uebertragung des Virus auf der Basis des Sehnerven-Apparates einen argen Stoss, von dem sie sich kaum wird erholen können. Dann muss die Möglichkeit einer Uebertragung auf einem anderen Weg zugegeben werden; und dann fällt jene Theorie. Was unter dem Begriff einer „rite ausgeführten" Resection zu verstehen ist, davon später.

Andrerseits aber kann man, wenn z. B. in tausend Fällen, die erfahrungsgemäss zur sympathischen Ophthalmie führen können, nach einer richtig ausgeführten Resection dieselbe ausbleibt, dann, und auch erst nur dann, mit an Sicherheit grenzender Wahrscheinlichkeit sein Urtheil dahin abgeben, dass wirklich die sympathische Ophthalmie immer auf dem Sehnervenwege fortschreitet und durch die Resection sicher verhütet wird.

Dies dünkt uns der einzige Weg zu sein, wie man zu einem sicheren Urtheil wird gelangen können. Und wie weit sind wir heute noch davon entfernt!

Abgesehen von den wenigen Klinischen Mittheilungen, die Schweigger im XV. Band des Archiv's im Jahre 1885 über Resection der Sehnerven veröffentlicht hat, fehlt jede Nachricht über klinische Erfahrung hinsichtlich der Resectio nervi optici.

Da dürfte denn ein Bericht über 41 Fälle von methodisch ausgeführter Resection aus der Augenheilanstalt zu

Wiesbaden nicht ohne Interesse sein und vielleicht den einen oder anderen Collegen veranlassen, ebenfalls durch Bereicherung der klinischen Erfahrung mit zur Klärung beizutragen.

Herr Dr. Pagenstecher übt die Resection seit ca. 7 Jahren. Nicht waren es Ergebnisse experimenteller Forschung, sondern einzig und allein klinische Erfahrungen und Bedenken, die ihn zur Ausübung dieses Operationsverfahrens anregten. Es leitete ihn nur der Wunsch, einen Ersatz für die hässliche Operation der Enucleation zu gewinnen.

In erster Linie maassgebend für ihn waren die traurigen Erfahrungen, die er mit dem Tragen von künstlichen Augen bei der arbeitenden Classe machte. Selbst das bestgearbeitete künstliche Auge wirkt wie ein Fremdkörper und erhält die Schleimhaut in beständigem Reizzustande auch bei sorgfältiger Pflege, die ja bei der arbeitenden Classe so selten ist. Sind nun die betreffenden Patienten noch genöthigt, viel in Staub oder schlechter Luft zu arbeiten, so verschlimmert sich der Zustand natürlich noch. Dazu kommt, dass die Augen, die nicht so billig sind, wenn sie zu lange getragen werden, dann Rauhigkeiten bekommen und nun erst recht zu heftiger Entzündung führen, so dass oft genug in Folge völliger Schrumpfung des Conjunctivalsackes das Tragen eines künstlichen Auges ganz unmöglich wird.

Bei der besseren Classe liegen die Verhältnisse natürlich nicht so schlimm; doch hört man auch hier in den meisten Fällen Klagen.

In zweiter Linie fiel der moralische Eindruck, den die Entfernung eines Auges auf den Kranken ausübt, schwer in die Wagschale. Das Bewusstsein, noch beide Augen zu haben, auch wenn das eine nur ein Stumpf ist, ist für die meisten Menschen von unendlichem Werthe. Die Chancen auf dem Arbeitsmarkt vermindern sich bei der Resection sowohl in objectiver, wie in subjectiver Hinsicht lange nicht so bedeutend, wie bei der Enucleation.

Bei Kindern kommt noch der wichtige Umstand hinzu, dass die Orbita im Wachsthum bedeutend zurückbleibt, wenn das Auge früh enucleirt wird.

Diese Erfahrungen waren es, die Herrn Dr. Pagenstecher bestimmten, nach einem Ersatz für die Enucleation zu suchen.

Zunächst schien ihm derselbe in der zuerst von Schöler methodisch ausgeführten Neurotomia optico-ciliaris gegeben zu sein, eine Operation, die schon in der Mitte der 60ger Jahre in der obigen Anstalt von dem verstorbenen Hofrath Alexander Pagenstecher in geeigneten Fällen ausgeführt, aber nicht veröffentlicht wurde. Jedoch wurde dies Verfahren, weil es wegen der Möglichkeit der Wiederverwachsung der getrennten Sehnervenstücke unsicher erschien, später durch die Resection ersetzt.

Zunächst kamen solche Fälle zur Resection, in denen die Kranken durch das erblindete Auge direct litten oder aber in der Leistungsfähigkeit des anderen, gesunden, ungefährdeten Auges beeinträchtigt wurden. Und zwar erweiterte sich dabei an der Hand der praktischen Erfahrung der Kreis der Indication immer mehr. Im Lauf der Zeit ermuthigten sogar die günstigen Resultate zu einer hochbedeutsamen Erweiterung: es wurde die Resection auch bei solchen Augen ausgeführt, deren Zustand erfahrungsgemäss zur sympathischen Entzündung des anderen Auges führen konnte. Der Entschluss zur methodischen Ausführung der Resection in solchen Fällen, vor allem bei Anwesenheit von Fremdkörpern im Augeninnern, war ein recht schwerer. Im vollen Bewusstsein seiner Verantwortung entschloss sich jedoch Herr Dr. Pagenstecher hiezu in der Erwägung, dass Thierexperimente und theoretische Raisonnements allein zu keinem sicheren Resultat führen können, und in der Absicht, durch die praktische Erfahrung nach der einen oder nach der anderen Seite hin die Frage zu klären.

Nach diesen einleitenden Bemerkungen lasse ich jetzt die ganz kurz gefassten, nach den verschiedenen Indicationsstellungen geordneten Krankengeschichten folgen.

Am Schlusse derselben werde ich mir gestatten, einige erläuternde Bemerkungen hinzuzufügen und einige praktische Folgerungen aus dem klinischen Material zu ziehen.

1. Margaretha W., 20 Jahre alt, ledig, aus Singersheim. Aufnahme am 2. September 1885 wegen Glaucoma secundarium absolutum nach Leucoma adhaerens totale mit Staphyloma corneae et Sclerae partiale oc. dextr. Seit 2 Monaten heftige Schmerzen; enorme Lichtscheu; starkes Thränen. + 2 Te. Resection am 3. September. Sofort hören alle Beschwerden auf.

Am 26. März 1890 letzte Untersuchung: Vom Tage der Operation bis heute absolute Schmerz- und Reizlosigkeit. Die staphylomatöse Vorbuchtung von Cornea und Sklera hat erheblich abgenommen; die Spannung des Bulbus ist nicht erhöht. Kosmetischer Effect recht befriedigend. Sensibilität der Cornea überall vorhanden, aber abgeschwächt.

Dauer der Beobachtung nach der Resection: 4½ Jahre.

2. Lina Str., 14 Jahre, aus Mogendorf. Aufnahme am 19. Februar 1886 wegen Glaucoma secundarium nach Leucoma adhaerens partiale mit Staphyloma anticum oc. sin. und heftiger pustulöser Keratitis oc. dextr. Die Glaukomschmerzen schwinden auf Eserin und warme Cataplasmen. Aeusserst hartnäckiger Heilungsverlauf der pustulösen Geschwüre rechts. Anfangs Juni traten die Glaukomschmerzen am linken 'Auge wieder auf, lassen sich durch Eserin etc. nicht mehr lindern; daher am 11. Juni: Opticusresection mit sofortigem Erfolg. Bis zum 15. August, dem Tage der Entlassung, absolute Schmerzlosigkeit links. Sensibilität der Cornea vollkommen aufgehoben. Spannung des Bulbus immer noch so hoch, wie vor der Operation.

Dauer der Beobachtung nach der Operation: 2 Monate. Auf briefliche Aufforderung im März 1890, bei Schmerzhaftigkeit des linken Auges nochmals sich vorzustellen, keine Antwort.

3. Charlotte F., 22 Jahre alt, Dienstmagd von hier. Aufnahme am 12. November 1888 wegen heftiger Schmerzen bei Glaucoma secundarium absolutum nach Leucoma adhaerens totale und Phthisis ant. R. Resection am 13. Entlassung am 21. mit gänzlicher Schmerzlosigkeit vom Tage der Operation ab.

Letzte Untersuchung am 18. März 1890. 2 mm. Divergenz rechts. Sensibilität der Cornea in toto vorhanden, aber erheblich abgeschwächt. Abflachung der Cornea (Phthisis anterior) und Configuration des Bulbus genau wie vor der Operation. Spannung normal. Absolute Schmerzlosigkeit.

Beobachtungsdauer post oper. 1⅓ Jahr.

4. Luise N., 22 Jahre, Dienstmagd aus Haintchen. Aufnahme am 9. October 1888. Seit einem Jahr allmähliche Abnahme von S.; seit 3 Wochen heftige Schmerzen in Auge und Stirn rechts. Amaurosis absoluta. Zahlreiche hintere Synechien; bei seitlicher Beleuchtung gelber Reflex aus den vorderen Glaskörperpartien, bei Bewegung des Bulbus lebhaft flottirend. Einzelheiten auch mit der Loupe nicht zu erkennen. $+$ 2 Te. Diagnose: Glaucoma secundarium absolutum nach chron. Irido-Kyklitis mit Exsudation in die Fossa patellaris und vorderer Glaskörperabhebung.

Resection am 14. October, nachdem vergeblich Myotica versucht worden. Schmerzen hören sofort auf. Am 28. October plötzliche Bildung zahlloser Cholestearin-Krystalle in dem erwähnten Glaskörperexsudat.

Am 2. November entlassen mit absoluter Schmerzlosigkeit bei andauernd hoher Spannung. Sensibilität der Cornea nur in den äusseren Randpartien vorhanden, aber erheblich abgeschwächt.

Beobachtungsdauer post oper. 2½ Wochen. Auf briefliche Aufforderung zur nochmaligen Vorstellung bei eintretenden Beschwerden am rechten Auge im März 1890 erfolgt keine Antwort.

5. Joh. Sch., 38 Jahre, Bergmann aus Gürgeshausen.

Aufnahme am 19. October 1888 wegen Glaucoma secundarium absolut. nach Irido-chorioiditis chron. mit Pupillarabschluss. + 2 Te; starke Schmerzhaftigkeit. Am 23. October Resection, nachdem vergeblich Myotica etc. angewandt wurden. Am 20. November entlassen: Schmerzen und übrige Reizerscheinungen sistirten vom Tage der Operation ab. Spannung immer noch hoch. Sensibilität der Cornea in toto aufgehoben.

Beobachtungsdauer post oper. 4 Wochen.

6. Joh. H., 67 Jahre alt, Bauer aus Planiz. Aufnahme am 18. Mai 1887 wegen Glaucoma hämorrhagicum acut. oc. dextr., seit 14 Tagen bestehend. Eserin stündlich. Am 19. Mai Iridektomie; doch bleibt nach einigen Tagen hohe Spannung und enorme Schmerzhaftigkeit bestehen. Eserin. und Morphium subcutan. Endlich am 4. Juni lassen Spannungserhöhung und Schmerzen nach. Am 10. Juni entlassen. Sehvermögen herabgesetzt bis auf Erkennen von Handbewegungen. Starke Blutung in die Macula. Erhebliche nasale Gesichtsfeldsbeschränkung. Neuaufnahme am 23. Juni wegen andauernder heftiger Schmerzen. Trotz Eserin, Blutegel, subcutaner Morphiumeinspritzung keine Ruhe. Am 7. Juli: Resection. Schmerzen etc. hören mit einem Schlage auf. Am 29. Juli entlassen mit vollkommener Schmerz- und Reizlosigkeit.

Letzte Untersuchung am 19. März 1890. Bulbus ca. 2 mm. divergent; Configuration normal. Cornea klar; Sensibilität in toto vorhanden, aber abgeschwächt. Farbe der Iris normal. Grosses Colobom nach oben; Pupillarrand, soweit erhalten, an der Linsenkapsel adhärent. Kein Augenleuchten in Folge von starker Kerntrübung der Linse und dichten Blutschwarten in den vorderen Glaskörperpartien. Spannung des Bulbus etwas erhöht. Absolute Schmerzlosigkeit seit der Operation.

Beobachtungsdauer post oper. $2^3/_4$ Jahre.

7. Peter N., 69 Jahre, Bauer aus Wirrichs. Aufnahme am 2. Januar 1889 wegen Schmerzhaftigkeit beider

Augen bei völliger Erblindung des rechten. Letztere ist seit 1½ Monaten allmählich bemerkt worden. Configuration des rechten Bulbus normal; Irido-chorioiditis chron. mit Pupillarverschluss und ausgedehnter Netzhautablösung. Starke cyklitische Schmerzen, sowie äusserst quälende Licht- und Farbenempfindungen rechts; Thränen, leichte Lichtscheu und Accommodationsbeschwerden des sonst gesunden, linken Auges. Zunächst Atropin, warme Cataplasmen, Heurteloupeur. Ohne Erfolg. Am 19. Januar Resection. Erfolg momentan. Cyklitische Schmerzen und Photopsien rechts, sowie die sympathischen Reizerscheinungen links, mit einem Schlage wie abgeschnitten. Am 9. Februar entlassen.

Letzte Untersuchung am 14. März 1890. Stellung des Bulbus, sowie Configuration, normal. Cornea in toto zeigt Sensibilität, aber abgeschwächt. Ringsynechien. Einblick ins Innere wegen starker Linsentrübungen nicht möglich. Spontan und auf Druck absolute Schmerzlosigkeit.

Beobachtungsdauer post oper. 14 Monate.

8. Friedrich K., 67 Jahre alt, Bauer aus Kettern-Schwalbach. Aufnahme am 9. Mai 1889. Seit der Kindheit Erblindung des rechten Auges. Spontan, ohne Trauma. Seit zwei Monaten starke Schmerzen, heftiges Thränen und Lichtsehen des rechten Auges. Configuration des Bulbus normal. Abgelaufene Irido-chorioiditis mit Pupillarverschluss und Cataractbildung. Unbestimmte quantitative Lichtempfindung. Wegen der heftigen cyklitischen Schmerzen: am 10. Mai 1889 Resection. Erfolg günstig. Vom Tage der Operation ab bis zum 22. Mai, dem Tage der Entlassung, absolute Schmerzlosigkeit. Auf spätere Erkundigung erfolgt keine Mittheilung.

Beobachtungsdauer post oper. 12 Tage.

9. Mathias J., 63 Jahre alt, Bäcker aus Oberbrechen. Aufnahme am 4. Juni 1888. Seit ¾ Jahr schleichende Irido-chorioiditis oc. dextr. mit Linsenverkalkung und Ausgang in Phthisis bulbi. Kein Trauma vorangegangen.

Heftige spontane Schmerzhaftigkeit, starke Lichtscheu, Thränen. Auf Druck enorme Empfindlichkeit. Man
fühlt in dem weichen phthisischen Bulbus eine harte Resi-
stenz, so dass Knochenbildung im Bulbus-Inneren ver-
muthet wird. Am 5. Juni Resection mit günstigstem Erfolg. Am 17. Juni entlassen. Vom Tag der Operation ab
vollkommen schmerzfrei.

Dauer der Beobachtung post oper. 12 Tage. Auf
spätere Erkundigung erfolgt keine Mittheilung.

10. Margaretha St., 22 Jahre, ledig, aus Staffel.
Aufnahme am 17. August 1889 wegen heftiger Schmerzen
im linken Auge, das seit 4 Jahren erblindet sei. Phthisis
anterior mit Leucoma adhaerens partiale, Coloboma
arteficiale, und Cataracta accreta oc. sin. Amaurosis
completa. Myopie mit Chorio-retinitis ad maculam oc. dextr.
Die Schmerzen im linken Auge treten spontan auf, sind
aber besonders stark bei Bewegungen. Auf Pilocarpin und
Cataplasmen Linderung. Am 30. August entlassen. Pilocarpin zu Hause fortgesezt. Am 18. October 1889 Neuaufnahme wegen unerträglicher Schmerzen im linken Auge,
die auch in Stirn und Wange ausstrahlen und so heftig
sind, dass Pat. bei Berührung des oberen Orbitalrandes
zurückprallt. Seit 5 Tagen auch Schmerz im rechten
Auge mit Thränen, Lichtscheu und starker Reiz-
barkeit. Noch am 18. October Resection mit schlagendem
Erfolg. Schmerzen etc. links wie rechts sofort beseitigt. Am
13. November entlassen. Sympathische Reizung des
rechten Auges dauernd beseitigt.

Letzte Untersuchung am 20. März 1890. Beginnende
Phthisis quadrata. Sensibilität der Cornea in toto wieder
hergestellt, aber abgeschwächt. Cyklitische Schmerzen im
linken Auge, sowie die Reizerscheinungen im rechten dauernd
beseitigt.

Beobachtungsdauer post oper. 5 Monate.

11. Magdalena M., 18 Jahre, Fabrikarbeiterin aus
Bingen. Aufnahme am 22. August 1887 mit Leukoma

adhaerens und Staphyloma partiale anticum oc. sin.
nach Blennorrhoea neonatorum, wegen starker Schmerzen
im linken Auge und seit einigen Tagen auftretender Lichtscheu auf dem gesunden, rechten Auge. Am 23. August
Abtragung des Staphylom's. Heilungsverlauf etwas protrahirt.
Am 12. September beginnende Phthisis, mit starker Druckempfindlichkeit. Da letztere sich zu heftiger spontaner Schmerzhaftigkeit steigert und die Reizungserscheinungen auf dem
rechten Auge, die nie ganz aufhörten, sich ebenfalls stärker
einstellen, wird am 23. September die Resection vorgenommen.
Erfolg glänzend. Am 2. October, frei von Schmerzen etc. beiderseits, entlassen. Auf spätere Erkundigung keine Mittheilung.
Beobachtungsdauer post oper. 10 Tage.

12. Peter Chr., 18 Jahre, Bauer aus Bermersheim.
Aufnahme am 8. Mai 1887. Vor 14 Jahren Stich mit
einem Messer ins linke Auge mit nachfolgender Erblindung. Seit den letzten 3 Jahren recidivirende Ent-
zündungen und Schmerzhaftigkeit des linken
Auges, sowie periodische Lichtscheu und „Schwäche"
des gesunden rechten Auges. Phthisis bulbi anterior
mit Leucoma adhaerens totale und partieller staphy-
lomatöser Vorbuchtung der oberen Hälfte des Leukom's.
Höhe der Cornea 10 mm., Breite 9½ mm. Im unteren-
äusseren Quadranten der Cornea, ca. 1½ mm. in die Sklera
hineinragend, eine horizontal verlaufende, 7 mm. lange, tief
eingezogene Narbe. Bulbus injicirt; erhebliche Druckempfindlichkeit; starke spontane Schmerzhaftigkeit, starke
Spannung. Resection am 9. Mai 1887. Sämmtliche Beschwerden beseitigt. Entlassen am 22. Mai. Letzte Untersuchung am 23. März 1890. Linker Bulbus 1½ mm. divergent. Configuration des Bulbus genau so wie am 8. Mai
1887. Nur ist die staphylomatöse Vorbuchtung
der oberen Hornhauthälfte gänzlich zurückgezogen.
Spannung nicht mehr erhöht. Vom Tage der Operation bis
heute sind alle Beschwerden verschwunden.
Beobachtungsdauer post oper. 2¾ Jahre.

13. Heinrich R., 6 Jahre, Bauernkind aus Weinsheim. Aufnahme am 29. August 1886. Seit dem 3. Jahre spontane Entzündung und Erblindung des linken Auges mit nachfolgender langsamer Verkleinerung. Seit 2 Monaten heftige Schmerzhaftigkeit des Stumpfes, sowie Empfindlichkeit und Thränen des rechten Auges. Phthisis bulbi sin. Sympathische Reizung des rechten. Am 31. August Resection mit sofortigem Aufhören aller Beschwerden. Nach 14 Tagen entlassen. Auf spätere Erkundigung keine Mittheilung.

Beobachtungsdauer post oper. 14 Tage.

14. Carl R., 17 Jahre, Kaufmann aus Münster a. St. Aufnahme am 4. Juni 1888. Vor 9 Jahren Verletzung des linken Auges durch einen Schlag mit einem Stock. Tief eingezogene Narbe der Cornea in der Lidspaltenzone. Leucoma adhaerens partiale; Phthisis bulbi mässigen Grades. Mässige Druckempfindlichkeit. Pat. hat periodisch Schmerzen im Stumpf, sowie dann gleichzeitig auch starkes Thränen des rechten Auges mit schneller Ermüdung bei der Nahearbeit. Am 5. Juni Resection. Am 16. Juni entlassen. Beschwerden bis dahin völlig ausgeblieben. Ebenso am 7. Juli 1888. Auf briefliche Anfrage im März 1890 wird gänzliches Ausbleiben der früheren Beschwerden gemeldet.

Beobachtungsdauer post oper. $1^3/_4$ Jahr.

15. Georg Sch., 31 Jahre. Schlosser aus Mainz. Aufnahme am 28. Juni 1887. Vor 7 Jahren flogen ihm Stahlfunken in's rechte Auge, die eine langdauernde Entzündung zur Folge hatten. Es wurden verschiedentlich operative Eingriffe vorgenommen ohne Erfolg. Seit 1 Jahr völlige Erblindung rechts. Seit 1 Monat starke spontane Schmerzhaftigkeit des rechten Auges und in den letzten Tagen auch heftige Reizung des linken; Thränen, Lichtscheu, schnelle Ermüdung bei der Nahearbeit.

Phthisis bulbi incipiens; Leucoma adhaerens partiale,

Coloboma arteficiale, Cataracta complicata. Am 29. Juni 1887
Resection. Erfolg prompt. Am 16. Juli entlassen. Völlig
ohne alle Beschwerden. Auf spätere Erkundigung keine
Mittheilung.

Beobachtungsdauer post oper. 18 Tage.

16. Luise H., 5 Jahre, Schuhmacherskind. Holz-
appel. Aufnahme am 20. März 1885 wegen totalem, stark-
prominentem Hornhautstaphylom rechts mit frischer
Perforation im unteren Drittel. Angeblich seit 14 Tagen
neue Entzündung des vor 3 Jahren nach Thränensack-
eiterung erblindeten Auges. Es entwickelt sich Panophthalmie, die in kurzer Zeit zu Phthisis führt. Da der
Bulbus sehr gereizt bleibt und erhebliche spontane
Schmerzhaftigkeit besteht, wird am 7. April, nach Auf-
hörung der floriden Eiterung, wegen Gefahr sympathischer Entzündung die Resection vorgenommen. Schmerzen etc. vollständig beseitigt. Am 24. April geheilt entlassen.

Letzte Untersuchung am 19. März 1890. Weit vorgeschrittene Phthisis bulbi rechts. Absolute Druckunempfind-
lichkeit. Gänzliche Reizlosigkeit beider Augen.

Beobachtungsdauer post oper. 5 Jahre.

17. Lina K., 3 Jahre, Bauernkind aus Reckershausen.
Aufnahme am 28. October 1886. Am 29. Juli 1886 Verletzung durch Messerstich; Wunde sei ganz gut geheilt. Seit 8 Tagen neue Entzündung. Phthisis incipiens;
partielles Leucoma adhaerens mit Cataracta secundaria.
Bulbus stark injicirt. Genauere Angaben fehlen. Am
29. October Resection. Sofort hören die cyklitischen Schmerzen auf. Injection blasst allmählich ab. Am 10. November
gegen den Willen des Herrn Dr. Pagenstecher von den
Eltern nach Hause genommen. Auf spätere Erkundigung
keine Mittheilung.

Beobachtungsdauer post oper. 12 Tage.

18. Sophie W., 7 Jahre, Steinhauerskind, Heddern-
heim. Aufnahme am 10. November 1889. Am 28. November 1889 plötzlich Entzündung und schnelle Erblindung

des rechten Auges. Seit 4 Wochen in ärztlicher Behandlung auswärts. Von verschiedenen Collegen dort wurde dringend Enucleation angerathen. Phthisis bulbi incipiens; eingeheilter, noch leicht prominenter Irisprolaps am inneren oberen Cornealrand. Linse klar. Gelblich-röthliche dichte Glaskörperinfiltration, wie bei Chorioiditis exsudativa metastatica (Pseudogliom!). Mässige Injection. Leichte Druckempfindlichkeit. Ob ein Fremdkörper eingedrungen oder sonstige Verletzung stattgefunden, ist nicht zu eruiren. Am 13. November Resection. Subjective Beschwerden gehoben. Auf starken Druck keine Schmerzempfindung. Sensibilität der Cornea vollständig aufgehoben. Letzte Untersuchung am 15. März 1890. Sensibilität der Cornea im äusseren Drittel wieder vorhanden, aber abgeschwächt. Sonst Status idem.

Beobachtungsdauer post oper. 4 Monate.

19. Wilh. D., 22 Jahre, Bauer aus Ensheim. Aufnahme am 5. December 1889 wegen schmerzhafter Phthisis bulbi links. Im Juni 1889 verletzte sich Pat. beim Aufspringen auf's Pferd an dessen Kummet. Starke Entzündung mit sofortiger Erblindung und schnell eintretender Schrumpfung. Periodische Schmerzen im phthisischen Bulbus, besonders in den letzten Wochen. Vom behandelnden Collegen wurde die Enucleation dringend angerathen. Mässige Phthisis; Cornea 7 mm. breit, 9 mm. hoch; in toto klar. Am unteren-inneren Cornealrande eine 5 mm. lange, tief eingezogene Narbe, die in das Corpus ciliare hineinragt. Tiefe Vorderkammer. Iris ganz nach hinten zurückgezogen. Pupillargebiet durch cataractöse Linse verlegt. Mässige pericorneale Injection. Leichte spontane Schmerzhaftigkeit. Auf Druck stärkere Empfindlichkeit. Am 6. December Resection. Ohne alle Beschwerden am 13. December entlassen. Letzte Untersuchung am 21. März 1890. Absolute Schmerzlosigkeit. Phthisis nicht weiter vorgeschritten.

Beobachtungsdauer post oper. 3½ Monate.

20. Friedrich Sch., 23 Jahre, Bäcker aus Ginsheim. Aufnahme am 1. December 1888. Fiel vor 5 Tagen

Abends auf's Strassenpflaster. Sofortige Erblindung. Parallel dem oberen Cornealrand, in 2 mm. Entfernung vom letzteren, eine 8 mm. lange Skleralruptur mit eingesprengten Blutcoagulis. Hämophthalmus. Von Irisgewebe nichts sichtbar. Bulbus matsch. Unbestimmte quantitative Lichtempfindung. Starke Injection. Erhebliche Druckempfindlichkeit. Am 17. December Injection nicht verringert. Schmerzen haben zugenommen. Am 19. December, 24 Tage nach der Verletzung: Resection. Die Schmerzen lassen sofort nach. Injection und Reizerscheinungen nehmen allmählich ab. Am 13. Januar entlassen. Absolute Schmerzlosigkeit; Bulbus leicht phthisisch; vollkommen reizfrei. Letzte Untersuchung am 8. April 1890: Bulbus 2 mm. divergent. Höhe der Cornea 8 mm., Breite 6 mm.; Sensibilität allenthalben vorhanden, aber abgeschwächt; Mydriasis ad maximum; Cataract verlegt das Pupillargebiet. Narbe der Sklera nach oben vom Cornealrand tief eingezogen. Absolute Schmerzlosigkeit, auch auf Druck.

Beobachtungsdauer post. oper. $1\frac{1}{4}$ Jahr.

21. Friedrich Th., 37 Jahre, Wegwärter aus Allendorf. Aufnahme am 30. April 1887. Vor 18 Tagen Verletzung des linken Auges durch ein anfliegendes Holzstück. Frische Narbe der Sklera, 1 cm. lang, parallel dem inneren Cornealrand, in $\frac{1}{2}$ mm. Entfernung. Vorderkammer voll bräunlichen Exsudates. Iris nur am Rande durchschimmernd. Bulbus stark injicirt, schmerzhaft, auf Druck sehr empfindlich. Amaurosis absoluta. Am 23. Tage nach der Verletzung, am 3. Mai: Resection. Die Schmerzen lassen sofort nach. Injection am 12. Mai auch völlig verschwunden. Beginnende Phthisis. Am 13. Mai entlassen. Letzte Untersuchung am 23. März 1890. Völlige Phthisis quadrata. Höhe und Breite der Cornea ca. $1\frac{1}{2}$ mm. Auf starken Druck nur ganz geringe Empfindlichkeit. Beschwerden fehlen vollständig.

Beobachtungsdauer post oper. $2\frac{3}{4}$ Jahre.

22. Wilh. R., 19 Jahre, Bäcker aus Kirchheimbolanden.

Aufnahme am 16. Mai 1888. Vor 20 Tagen Stoss mit einem Bierglase gegen das linke Auge. 1 cm. lange frische, leicht geblähte Narbe der Sklera, 1 mm. vom äusseren Cornealrand entfernt und demselben parallel. Iris stark verfärbt, unregelmässig erweitert. Linse klar; Abscess in der Fossa patellaris. Bulbus matsch; unbestimmte Lichtempfindung. Starke pericorneale Injection. Heftige Reizerscheinungen. Atropin. Warme Cataplasmen. Am 1. Juni Injection fast völlig verschwunden. Das gelbgrüne Exsudat beginnt sich zu vascularisiren; es schrumpft und zieht Linse und Iris nach hinten. Am 8. Juni, am 44. Tage nach der Verletzung: Resection. Schmerzen verschwunden. Bulbus beruhigt sich immer mehr. Am 20. Juni entlassen. Am 18. März 1890 letzte Untersuchung. Bulbus links 2 mm. divergent; leicht phthisisch. Höhe und Breite der Cornea 10 mm. Sensibilität in den zwei äusseren Dritteln wieder vorhanden, aber abgeschwächt. Cornea klar; Iris nicht verfärbt, buckelförmig vorgetrieben. Pupille $2\frac{1}{2}$ mm. breit (gegen 3 mm. rechts); Pupillarrand nicht adhärent. Synergisch reagirt die Pupille sehr prompt! Dicht hinter dem Pupillargebiet liegt die cataractöse Linse. Die Skleralnarbe, parallel dem äusseren Hornhautrand, ist tief eingezogen. Der Bulbus hat die Form beginnender Phthisis quadrata. Ganz geringe Druckempfindlichkeit; absolute spontane Reizlosigkeit.

Beobachtungsdauer post. oper. 21 Monate.

23. Ludwig Sch., 40 Jahre, Landmann aus Mündersbach. Aufnahme am 15. April 1889. Verletzung des linken Auges am 13. April durch Stoss mit einem Kuhhorn. Contraruptur der Sklera parallel dem inneren Cornealrand; Blutcoagula liegen in der Conjunctivalwunde. Hämophthalmus. Irisgewebe nicht sichtbar. Bulbus mässig injicirt; druckempfindlich; spontan schmerzhaft. Gute Projection. Am 3. Mai ist die Blutung in der Vorderkammer resorbirt. Traumatisches Colobom nach innen sichtbar. Beginnende Einziehung der Narbe; Projection unbestimmt.

Am 8. Mai, am 25. Tage: Resection. Am 22. Mai mit vollständig reizlosem Bulbus und beginnender Phthisis entlassen.

Letzte Untersuchung am 25. März 1890. Phthisis bulbi sin. mittleren Grades. Stellung des Bulbus gut; Cornea 9 mm. hoch, 7 mm. breit; in toto klar; Sensibilität allenthalben wieder hergestellt, aber abgeschwächt. 1 mm. neben dem inneren Cornealrande eine 9 mm. lange, schwärzlich pigmentirte, tief eingezogene Narbe. Mydriasis ad maximum, so dass kaum noch der Rand der Iris zu sehen ist. Pupillargebiet vollkommen ausgefüllt durch streifiges Exsudatgewebe, welches der Skleralnarbe adhärent ist. Spontan absolute Schmerzlosigkeit; leichte Druckempfindlichkeit.

Beobachtungsdauer post oper. 9½ Monate.

24. Wilh. H., 51 Jahre, Landmann aus Gehlert. Aufnahme am 9. Juni 1889. Am 8. Juni Stoss mit dem Kuhhorn gegen das linke Auge. Perforirende Wunde des Oberlids; Contraruptur der Sklera, parallel dem inneren Cornealrande; Hämophthalmus; Iris nicht sichtbar. Projection unbestimmt. Mässige Injection. Erhebliche Druckempfindlichkeit. Am 22. Juni: Skleralwunde beginnt sich einzuziehen; Cornea flacht sich ab, beginnende Phthisis. Reizerscheinungen mässig. Resection am 14. Tage. Am 1. Juli ist der Bulbus völlig ruhig und schmerzlos. Entlassen. Letzte Untersuchung am 23. März 1890; schon weit vorgeschrittene Phthisis; Höhe der Cornea 7 mm.; Breite 5 mm.; innere Hälfte vollkommen unempfindlich; in der äusseren Sensibilität wieder vorhanden, aber abgeschwächt. Skleralnarbe tief eingezogen; Mydriasis ad maximum; Pupillargebiet durch cataractöse Linse verlegt. Auf starken Druck ist der Bulbus absolut unempfindlich; gänzliche Reizlosigkeit seit der Operation.

Beobachtungsdauer post oper. 9 Monate.

25. Ludwig N., 16 Jahre. Kaufmann aus Eschhofen. Aufnahme am 19. Februar 1886. Verletzung des linken Auges durch Bierglassplitter am 13. Februar. Traumatische

Irisprolaps; Cataracta traumatica. Hornhautwunde geht nicht in die Sklera hinein. Starke Injection. Heftige Reizerscheinungen; Projection unsicher. Am 2. März andauernder Reizzustand; heftige Schmerzen; Projection andauernd unsicher. Am 5. März, am 20. Tage: Resection. Schmerzen, Thränen und Lichtscheu sofort beseitigt. Die bisher beunruhigend starke Injection blasst sehr schnell ab. Am 5. April entlassen mit absoluter Schmerz- und Reizlosigkeit.

Letzte Untersuchung am 23. März 1890. Stellung des Bulbus 4 mm. divergent. Configuration normal. Höhe und Breite der Cornea 11¼ mm. In der Lidspaltenzone ½ mm. breite, beiderseits bis zum Cornealrand gehende Narbe. Iris flächenhaft adhärent. Nach oben und unten hiervon flache Vorderkammer. Pupillargebiet durch cataractöse Linse verlegt. Farbe der Iris normal. Sensibilität der Cornea in toto wieder hergestellt, aber abgeschwächt. Spannung des Bulbus nicht erhöht. Absolute Schmerz- und Reizlosigkeit seit der Operation.

Beobachtungsdauer post oper. 4 Jahre.

26. Heinrich E., 43 Jahre, Steinbrecher aus Dietz. Aufnahme am 3. September 1886. Am 2. September flog ihm beim Steinklopfen ein Stein gegen das linke Auge. Frische Wunde der Cornea mit Irisprolaps; beginnende Cataract. Heftige pericorneale Injection. Starke Schmerzen. Projection unsicher. Die Reizerscheinungen nehmen zu. Von dem Irisprolaps aus erstreckt sich eine starke graugelbe Infiltration in den Glaskörper hinein; heftige Schmerzhaftigkeit. Am 21. September, am 19. Tage: Resection. Verlauf insofern etwas complicirt, als die Schmerzen nicht, wie sonst, mit einem Schlage coupirt sind, sondern noch bis zum 26. andauern. Am 28. leichte iritische Reizung des anderen, gesunden Auges, die aber auf Atropin und Cataplasmen schnell wieder vorübergeht. Am 30. September beiderseits schmerzlos. Die Injection des linken Auges blasst schnell ab. Am 17. October entlassen mit völliger Reizlosigkeit beider Augen.

Letzte Untersuchung am 18. März 1890. Phthisis bulbi sin. Höhe der Cornea 6 mm.; Breite 5 mm.; Cornea vollständig anästhetisch. Am übrigen Stumpf Empfindlichkeit vorhanden, aber stark herabgesetzt. Iris narbig verdickt; Pupillargebiet durch cataractöse Linse verlegt. Bulbus auf Druck etwas empfindlich, nicht schmerzhaft. Absolute spontane Reizlosigkeit. Rechtes Auge normal.

Beobachtungsdauer post oper. $3^1/_2$ Jahre.

27. Gottfried G., 28 Jahre, Bergmann aus Langhecke. Aufnahme am 12. März 1887. Am 1. März flog ihm ein fingerlanges Schieferstück mit Gewalt gegen das linke Auge. Frische Narbe der Hornhaut mit Einschwemmung von Irisgewebe und traumatische Cataract. Starke Injection. Heftige Schmerzen. Projection unbestimmt. Injection und Schmerzen nehmen zu. Am 31. März, am 31. Tage: Resection. Schmerzen hören sofort auf; Injection blasst schnell ab. Am 17. April Entlassung. Configuration noch normal. Absolute Reizlosigkeit. Am 10. Juni 1887 beginnende Einziehung der Narbe; beginnende Phthisis. Geringe Abnahme der Tension.

Letzte Untersuchung am 26. März 1890. Ziemlich weit vorgeschrittene Phthisis bulbi sin. quadrata. Höhe und Breite der Cornea je 7 mm. Hornhautnarbe tief eingezogen, ca. 2 mm.; setzt sich in die Schnürfurche der Recti nach innen-unten fort. Sensibilität der Cornea in toto vorhanden, aber abgeschwächt. Iris stark atrophisch. Pupillargebiet in die Narbe verzogen. Auf starken Druck leichte Empfindlichkeit. Spontan absolute Reiz- und Schmerzlosigkeit vom Tage der Operation ab.

Beobachtungsdauer post oper. 3 Jahre.

28. Elise U., 4 Jahre alt, aus Erbenheim. Aufnahme am 7. März 1887. Am 3. März hat ein Junge ihr mit einem Holzpfeil gegen das rechte Auge geschossen. Risswunde der Cornea, 5 mm. lang, mit eingesprengter Iris und starker Blutung in die Vorderkammer. Die Wunde geht nicht in die Sklera hinein. Projection sicher. Starke

pericorneale Reizung. Heftige Schmerzen. Am 19. zeigt
sich Blutung vollständig resorbirt; Linse cataractös; getrübte
Linsenflocken liegen in der Vorderkammer. Am 24. gelb-
liches Exsudat in der Vorderkammer. Injection etwas
stärker. Projection unbestimmt. Am 30. sind die Reizerscheinungen fast vollständig verschwunden. Das Kind
wird auf dringenden Wunsch der Eltern in die Ambulanz
entlassen.

Neuaufnahme am 20. Juli mit Phthisis incipiens; stärkere
Injection, heftige Reizerscheinungen seit einigen Tagen. Angeblich auch „Schwäche" des linken Auges. Doch hiervon
ist nichts nachweisbar. Resection am 21. Juli: alle subjectiven Beschwerden sofort coupirt. Injection blasst schnell
ab. Am 1. August entlassen. Das Kind blieb noch ca.
2 Monate in ambulatorischer Behandlung ohne Auftreten
irgendwelcher neuen Reizerscheinungen.

Beobachtungsdauer post oper. ca. 2 Monate.

29. Johann Sch., 59 Jahre, Zimmermann aus Oberbrechen. Aufnahme am 14. März 1889. Vor 4 Wochen
Verletzung durch einen Draht, der gegen das rechte Auge
anflog. Centrale 5 mm. lange, frische Narbe der
Cornea, gebläht durch adhärente Irisfetzen und
quellende Linsenmassen. Vorderkammer sehr flach.
Starke pericorneale Injection, enorme Schmerzhaftigkeit,
hohe Spannung. Projection unbestimmt. Da letztere Erscheinungen sich nicht ändern, vielmehr noch bedrohlicher werden,
wird am 21. März die Resection vorgenommen. Da dieselbe
verschiedene interessante Zufälle mit sich bringt, schildere
ich den Verlauf etwas ausführlicher.

Nach der Tenotomie des internus wird der Bulbus
nach aussen rotirt und nun der Opticus sehr weit nach
hinten durchtrennt. Dann das periphere Ende vom Assistenten sehr stark angezogen und nun dicht an der Sklera
abgeschnitten. (Das resecirte Stück betrug 15 mm.) Es
muss nun eine tiefe bis in den Opticusstamm noch hinein-
reichende Excavation bestanden haben in Folge des Secun-

daerglaucom's. Dies allein erklärt, wie es möglich ist, dass
beim Abschneiden des Opticus am hinteren Pol,
ohne Fensterung der Sklera, ein ziemlich reichlicher
Glaskörperverlust stattfinden konnte. Doch ist von
einer erheblicheren Verminderung der Tension wenig zu
constatiren. Die tiefe Durchschneidung des Opticusstammes,
möglichst nahe dem Foramen opticum, hat nun eine
ganz enorme Blutung zur Folge gehabt. Es entsteht eine so starke Prominenz des Bulbus, dass derselbe
vor die Lidspalte luxirt wird. Bei etwas forcirter Zu-
rückdrängung des Bulbus, um die abgelöste Sehne des
Internus wieder an die Skleralkapsel anzunähen, platzt
die gequollene Hornhautnarbe und es entleeren sich getrübte Linsenmassen und Glaskörper. Trotz der jetzt er-
heblichen Verminderung des Volumens des Bulbus, trotz
einer bedeutenden Lidspaltenerweiterung nach aussen gelingt
es doch nicht, den vor die Lidspalte luxirten Bulbus hinter
die Lider zurückzubringen. Anlegung eines festen Binoculus.
24. März erster Verbandwechsel. Cornea in toto nekrotisch;
Exophthalmus etwas weniger stark, jedoch gelingt es immer
noch nicht, die Lider über den Bulbus herüber zu ziehen.
Verband.

27. März zweiter Verbandwechsel. Prominenz erheblich
geringer. Jenseits der Cornea beginnt ein etwa 10 Pfennig-
stück grosser Theil der Sklera nach innen in der Lidspaltenzone, entsprechend der abgelösten Muskelsehne, nekrotisch
zu werden, und sich durch weissliche Verfärbung von der
gesund bleibenden Sklera abzugrenzen. Es gelingt, durch
eine Naht die Lider über dem Bulbus zu vereinigen. Warme
Cataplasmen. Absolute Schmerzlosigkeit.

28. März. Die Nekrose der Sklera schreitet fort.

4. April. Die nekrotische Partie der Sklera hat sich
jetzt durch einen ganz scharfen Rand gegen die gesunden
Theile markirt. Sie reicht nach aussen bis an den inneren
Hornhautrand und nach innen so weit wie man nur den
Bulbus zu Gesicht bekommt. In ihrer grössten Ausdehnung

misst sie von oben nach unten 21 mm., von rechts nach links 14 mm. Sie zeichnet sich aus durch einen matten, gelblich-weissen Farbenton und beschränkt sich im Allgemeinen nur auf die oberflächlichen Lamellen. Nur an einer ziemlich in der Mitte gelegenen, etwa 5-Pfennigstück grossen Stelle erstreckt sich die Nekrose auf die ganze Dicke der Sklera. Hier liegt die Chorioidea frei; es findet fortwährend Glaskörperverlust statt, so dass die Spannung des Bulbus ganz matsch ist. An drei anderen Stellen beginnt in etwa 10-Pfennigstück grosser Ausdehnung eine zarte Granulationsbildung. Feuchtwarmer Verband.

14. April. Die erwähnte Granulationsbildung an den angeführten drei Stellen hat ganz enorm an Flächen- und Dickenausdehnung zugenommen. Ebenso sprossen allseits von dem Rand der gesunden Sklera und aus der Conjunctiva dieser Randpartien zahlreiche Granulationsknöpfe hervor. Hiedurch gewinnt die bisher mattgelbe Färbung der nekrotischen Sklera einen frisch grau-röthlichen Farbenton.

Leider entzieht sich Pat. der weiteren Beobachtung, indem seinem dringenden Verlangen nach der Entlassung aus der Anstalt nachgegeben werden muss.

30. Nicolaus R., 15 Jahre, Schreiner aus Oberhöchstadt. Aufnahme am 26. Juli 1886. Verletzung des rechten Auges durch Steinwurf am 25. Juli. Corneo-Skleralrisswunde von 15 mm. Ausdehnung mit Einschwemmung von Iris, Chorioidea und Glaskörper. Linse unverletzt. Starke pericorneale Injection. Heftige Reizerscheinungen und Schmerzen. Am 10. August: Bulbus ruhiger; Pat. erkennt Handbewegungen. Am 25. August Injection fast vollständig geschwunden; erhebliche Glaskörperinfiltration; Sublatio Retinae am 4. November Glaskörperinfiltration stärker; Injection beginnt wieder heftiger zu werden. Starke Schmerzhaftigkeit. Da die Reizerscheinungen und Schmerzen stärker werden: Resection am 11. November, am 77. Tage. Subjective Beschwerden sofort beseitigt. Injection blasst allmählich ab. Die noch 4 mm. weit sich in die Sklera fortsetzende Narbe

beginnt hier sich einzuziehen. Am 2. October frei von allen Reizerscheinungen mit beginnender Phthisis entlassen. Auf spätere Erkundigung keine Mittheilung.

Beobachtungsdauer post oper. 3 Wochen.

31. Adam P., 3½ Jahre, Schneiderskind aus Oberhöchstadt. Aufnahme am 11. August 1886. Vulnus corneae et iridis, lentis oc. sin. Durch Anfliegen eines Holzscheites gegen das linke Auge am 9. August. Die Wunde durchsetzt die ganze Hornhaut und ragt noch 1 mm. in die Sklera hinein. Starke Injection. Projection unsicher; erhebliche Schmerzhaftigkeit. Am 1. September Bulbus ruhiger. Schmerzen geringer; am 8. September treten wieder starke Schmerzen auf. Die Iris verfärbt sich wieder bedeutend; die Ciliarinjection nimmt zu. Ganz unbestimmte Lichtempfindung; am 14. September Schmerzen etc. halten an. Resection am 36. Tage. Schmerzen hören auf. Reizerscheinungen lassen nach. Am 25. September mit beginnender Phthisis in völlig reizfreiem Zustand entlassen. Das Kind stirbt Ende 1888; es hatte zuvor nie wieder Schmerzen im linken Auge.

Beobachtungsdauer post oper. ca. 2 Jahre.

32. Margarethe N., 23 Jahre, ledig, aus Schönborn. Aufnahme am 13. September 1886. Hat sich am 12. an einer alten, rostigen Sense gestossen, die an der Wand hing. Perforirende Wunde des linken Oberlides; Wunde der Cornea in ihrer ganzen Ausdehnung, noch 2 mm. in die Sklera hineinreichend; Irisgewebe eingesprengt. Blutung in die Vorderkammer. Chemosis Conjunctivae. Heftige Reizerscheinungen. Starke Schmerzen. Am 20. November lassen Ciliarinjection und Schmerzen nach. Graugelbliches Exsudat am Boden der Vorderkammer. Lichtschein nimmt ab. Am 8. December ganz unbestimmte Projection. Am 12. December: Resection, am 31. Tage. Am 21. December ohne Schmerzen und völlig reizfrei entlassen. Die Narbe beginnt sich einzuziehen. Phthisis incipiens. Auf spätere Erkundigung keine Mittheilung.

Beobachtungsdauer p. o. 10 Tage.

33. Hermine D., 8 Jahre alt, aus Soden. Aufnahme
am 15. November 1889, hat sich am 14. mit einem Messer
in's linke Auge gestochen. Frische Wunde der Cornea, 7 mm. lang, noch 2 mm. in die Sklera sich fort-
setzend. Riss im Sphincter iridis und dem angrenzenden,
der Cornealwunde correspondirenden Irisgewebe. Wunde
gebläht durch eingelagerte Irisfetzen. Blut und grau-gelbes
Exsudat im Pupillargebiet. Linse anscheinend unverletzt.
Heftige pericorneale Injection. Starke Schmerzen. Erkennt
Finger in 1 m. Projection sicher. Am 22. November beginnende heerdförmige Abscedirung hinter der unverletzten
Linse in der Fossa patellaris nach unten-innen. Injection,
Lichtscheu, Schmerzen nehmen zu. Projection unsicher.
25. November: die Eiterheerde vergrössern sich; drei einzelne Heerde von je Stecknadelkopfgrösse sind sichtbar.
27. November Resection, am 13. Tage. Schmerzen und
sonstige subjective Beschwerden hören sofort auf. Die
Glaskörpereiterung gewinnt einen atonischen Character. Injection blasst langsam ab. Am 15. December: Bulbus ganz
reizfrei. Glaskörperinfiltration diffus in den ganzen vorderen
Partien verbreitet. Am 20. December entlassen. Phthisis
bulbi noch nicht angezeigt. Die Narbe der Sklera beginnt
sich einzuziehen.

Letzte Untersuchung am 7. April 1890. Stellung
des Bulbus gut. Phthisis mässigen Grades. Höhe der
Cornea 9 mm.; Breite 10 mm. 9 mm. lange, tief eingezogene Corneo-Skleralnarbe. Iris atrophisch; durch cataractöse Linse nach vorne gedrängt. Sensibilität der Cornea
im inneren Drittel fehlend; in den äusseren 2 Dritteln wieder hergestellt. aber abgeschwächt. Bulbus spontan absolut
schmerzlos. Auf sehr starken Druck nur geringe Empfindlichkeit.

Beobachtungsdauer post oper. 4½ Monate.

34. Christian K., 22 Jahre, Bauer aus Mühlbach. Aufnahme am 7. December 1886 wegen Corpus alienum in
bulbo dextr. Am 2. December flog ihm ein Zündhütchen-

fragment ins rechte Auge. Kleine, leicht infiltrirte Narbe
der Cornea; damit correspondirend: Loch in der Iris; starke
Verfärbung der Iris; ringförmige Synechie; Exsudat im
Pupillargebiet; kein Augenleuchten; äusserst heftige Reizerscheinungen; Projection unbestimmt. Am 15. December
Ciliarinjection etwas verringert. Verfärbung der Iris nicht
mehr so hochgradig. Projection nach oben fehlt. Spannung
nicht vermindert. Am 18. December: Resection, am 16.
Tag. Reizerscheinungen vermindern sich so schnell, dass
Pat. auf dringenden Wunsch schon am 25. December, ohne
jede Beschwerde, entlassen wird. Er erhält die eindring-
lichste Weisung, bei den geringsten Schmerzen etc. sofort
zur Untersuchung zu kommen. Es erfolgt jedoch keine
Mittheilung mehr, auch nicht auf briefliche Anfrage.
Beobachtungsdauer post oper. 7 Tage.

35. Heinrich D., 31 Jahre, Händler aus Niedersaul-
heim. Aufnahme am 23. November 1887 wegen Corpus
alienum in bulbo dextr. Am 20. November flogen ihm
beim Hufbeschlag Eisentheilchen in's rechte Auge.
Cornea leicht diffus getrübt; feine lineare Narbe nach aussen
in der Lidspaltenzone. Zahlreiche Beschläge auf der Descemeti. 1mm. hohes Hypopyon am Boden der Vorderkammer.
Iris mit Exsudat bedeckt. Ein Loch im Irisgewebe ist
nicht mit Sicherheit zu entdecken. Pupillarrand mit der
Linsenkapsel verwachsen; Exsudat im Pupillargebiet. Starke
pericorneale Injection. Heftige Schmerzen. Projection unbestimmt.

Auf Inunctionscur. und locale Behandlung hellen sich
Cornea und Kammerwasser auf. Am 29. November beginnende Abscedirung des Glaskörpers. Am 10. December:
pericorneale Injection und Schmerzen lassen nach. Glaskörperinfiltration schreitet fort. Am 15. December: Projection ganz unbestimmt. Resection am 25. Tage. Schmerzen hören sofort auf. Injection blasst langsam vollständig
ab. Glaskörperinfiltration nimmt zu ohne jede stärkere
Reaction. Am 28. December entlassen. Bulbus ganz schmerz-

und reizlos. Bei der geringsten Entzündung will Pat. sich wieder vorstellen. Er erscheint aber nicht. Auf spätere briefliche Anfrage keine Auskunft.

Beobachtungsdauer post oper. 13 Tage.

36. Joh. L., 18 Jahre, Sandformer aus Dichtelbach. Aufnahme am 23. September 1888. Vor 4 Tagen Verletzung des linken Auges durch ein anfliegendes Steinstück. Perforirende, 5 mm. lange Wunde des Oberlides und der oberen Uebergangsfalte. Damit correspondirend: blutige Sugillation der Conjunctiva Sclerae. Wunde der Sklera schon verlöthet. Sondirungsversuch wird nicht forcirt und gelingt nicht. Cornea klar, unverletzt. Iris stark grün-gelb verfärbt. Pupillarrand an der Vorderkapsel adhärent. Tiefe Vorderkammer. Grün-gelber Reflex aus den vorderen Glaskörperpartien. Starke pericorneale Injection. Heftige Schmerzen. Am 27. September beginnende diffuse Linsentrübung, sowie leichte totale Parenchymtrübung der Cornea. Spannung etwas vermindert. Projection ganz unbestimmt. Schmerzen steigern sich. Am 4. October Bulbus matsch; Injection und Schmerzen nehmen zu. Am 5. October: am 16. Tage, Resection. Schmerzen hören sofort auf. Die Entzündungserscheinungen werden auffallend geringer; Injection blasst ab. Verfärbung der Iris geht etwas zurück. Linse diffus getrübt. Beginnende Phthisis. Am 17. October entlassen in völlig reizlosem Zustand. Auf spätere Erkundigung keine Mittheilung.

Beobachtungsdauer post oper. 12 Tage.

37. Joh. K., 21 Jahre, Bergarbeiter aus Pfingstwiese. Aufnahme am 5. März 1889 wegen Dynamitschussverletzung beider Augen vor 11 Tagen. Rechts: traumatische Cataract mit partieller vorderer Synechie und Fremdkörper (Kalkstückchen) in der Vorderkammer. Mässige pericorneale Injection. Projection prompt.

Links: Bulbus matsch; 6 mm. grosse Risswunde der Cornea im oberen-äusseren Quadranten, 1 mm. weit in die Sklera sich erstreckend; Loch in der Iris, deren peripherer

Theil prolabirt war. Starke Blutung und grau-gelbliche
Exsudation in die Vorderkammer. Linse getrübt. Kein
Augenleuchten. Sehr starke pericorneale Injection. Ganz un-
bestimmte quantitative Lichtempfindung. Corpus alienum
in bulbo sin. Auf locale Antiphlogose beruhigt sich das linke
Auge etwas; die Schmerzen sind auch nicht mehr so heftig.
Spannung hebt sich. Rechts vorübergehende hohe Spannung in Folge starker Quellung der theilweise in der Vorderkammer liegenden Linsenflocken. Am 24. März starke
Blutung in die Vorderkammer links, nach einem Stoss mit
der linken Hand gegen das linke Auge; wieder stärkere
Schmerzen. In den nächsten Tagen nimmt auch die Injection
wieder zu. Projection bleibt unbestimmt. Am 30. März
beginnende Phthisis. Am 2. April, am 39. Tage: Resection. Schmerzen verschwunden. Phthisis schreitet schnell
voran; Injection blasst rasch ab. Die spontane Resorption
der Linsenmassen rechts schreitet ebenfalls schnell voran;
operativer Eingriff unnöthig. Am 4. Juni entlassen.

R: H $+ \frac{1}{4}$ S $= {}^6/_9$ bis ${}^6/_6$. L.: complete Phthisis. Beide

Bulbi absolut reiz- und schmerzlos. Letzte Untersuchung
am 19. März 1890. Cornea des phthisischen Bulbus 6 mm.
breit, 7 mm. hoch. Sensibilität wieder überall vorhanden,
aber abgeschwächt. Phthisis nicht weiter fortgeschritten.
Sonst status idem.

Beobachtungsdauer post oper. ca. 1 Jahr.

38. Carl H., 20 Jahre, Marmorarbeiter aus Flacht.
Aufnahme am 30. Juni 1889 wegen Corpus alienum in
bulbo sin. Am 28. Juni flog ihm ein Stück Eisen oder
Marmor gegen das linke Auge. 3 mm. lange Narbe der
Cornea im äusseren-oberen Quadranten; correspondirend: ein
Loch in der Iris; eitrig-plastische Iritis mit starkem Hypo-
pyon und Pupillarexsudat; beginnende traumatische Cataract.
Sehr starke Injection. Unbestimmte Projection.

Process schreitet fort. 15. Juli starke eitrige Glaskörperinfiltration. Enorme Druckempfindlichkeit. Da Injection

und Schmerzen sich steigern, wird am 22. Juli, am
24. Tage, die Resection vorgenommen. Schmerzen und
alle subjectiven Beschwerden hören auf. In auffälliger Weise
wirkt die Resection antiphlogistisch; die tiefe Ciliarinjection
geht in überraschend schneller Weise zurück. Die Iris bekommt eine bessere Färbung; die Glaskörperinfiltration be-
grenzt sich. Am 12. August schnürt sich die Iris nahe dem
Pupillarrand ein; die periphere Partie wird stark nach hinten
gezogen. Linsentrübung auf den Theil der breiten Synechie
nach oben-aussen beschränkt. Immer noch freier Einblick
in den vorderen Glaskörper möglich. Das Exsudat im
Corpus vitreum beginnt sich zu vascularisiren. Bulbus ruhig.
Am 19. August wird Pat. entlassen. Letzte Untersuchung
am 23. Februar 1890. 2 mm. Divergenz des linken Bulbus.
Mässige Phthisis. Cornea 9 mm. hoch und breit; bis auf
eine kleine Randzone nach aussen total anästhetisch. Iris von
gleicher Farbe, wie rechts. Tiefe Vorderkammer. Ring-
synechie. Pupillargebiet durch cataractöse Linse verlegt.
Absolute spontane Reizlosigkeit beider Augen; bei starkem
Druck auf den linken Bulbus: leichte Empfindlichkeit.
Beobachtungsdauer post oper. 7 Monate.

39. Jacob H., 40 Jahre, Schreiner, Wiesbaden. Aufnahme am 26. August 1889 wegen Corpus alienum in
bulbo dextr. Vor 1 Stunde drang ihm auf der Jagd ein
Schrotkorn in's rechte Auge. Eingangspforte in der
Sklera, dicht am äusseren Cornealrande. Iris in die Wunde
eingeschwemmt. Starke Blutung in die Vorderkammer;
Einblick unmöglich. Lichtperception nach aussen und aussen-
unten fehlt. Am 1. September Iritis purulenta mit plasti-
schem Exsudat in's Pupillargebiet und eitriger Glaskörperinfiltration. 5. September Verlauf der Eiterung milde. Injection und Schmerzen nehmen ab. Projection ganz unbestimmt. Am 10. September: Resection, am 15. Tage.
Schmerzen vollständig beseitigt. Injection blasst völlig ab.
Glaskörperexsudat vascularisirt sich. Am 29. September entlassen. Bulbus völlig ruhig und reizlos. Letzte Untersuchung

am 5. April 1890. Stark vorgeschrittene Phthisis bulbi. Sensibilität der Cornea wieder vorhanden, aber stark herabgesetzt. Auf Druck leichte Schmerzhaftigkeit. Absolute spontane Reizlosigkeit.

Beobachtungsdauer post oper. ca. 7 Monate.

40. Wilhelm B., 11 Jahre alt, Camberg. Aufnahme am 3. Januar 1889 wegen Corpus alienum in bulbo sin. Am 1. Januar flog ihm ein Zündhütchen ins linke Auge. Eingangspforte in der Sklera etwa 8 mm. vom obereninneren Cornealrande entfernt. Bei der Aufnahme: Cornea und Iris frei. Ophthalmoskopisch: entsprechend der Eingangspforte der Sklera, ganz an der Grenze des bei Atropin-Mydriasis noch sichtbaren Augenhintergrundes: Chorioidealruptur mit umgebenden dichten Blutungen in Retina und angrenzendem Glaskörper, sowie erhebliche Schwellung und leichte Abhebung der Retina bis nahe an die Papille. $S = {}^6/_{24}$.

Von der Rupturstelle aus beginnt eine sehr schnell fortschreitende Infiltration des Glaskörpers, die das Sehvermögen in wenigen Tagen vollständig aufhebt. Am 10. Jan. $S =$ Finger in $^1/_2$ m. Am 12. Januar plötzlich starke pericorneale Injection und heftige Schmerzen. Iris sehr stark verfärbt und trübe. $S =$ unbestimmte quantitative Lichtempfindung. Kein Augenleuchten. Bei seitlicher Beleuchtung diffuse, grau-weissliche Infiltration überall im Glaskörper sichtbar. Am 16. Januar, am 16. Tage: Resection. Mit einem Schlage wird nun das Bild ein anderes. Der so stürmisch einsetzende Process der citrigen Chorioiditis und Hyalitis nimmt plötzlich einen ganz torpiden Charakter an. Schmerzen, Lichtscheu und Thränen fehlen vollständig. Auch die pericorneale Injection verliert an Intensität. Am 1. Februar röthlich-gelber Reflex aus dem Augeninnern, von feinster Gefässneubildung herrührend. Am 1. Februar: Bulbus vollständig ruhig. Grössenverhältnisse noch normal. Absolute Reizlosigkeit. Pat. entlassen.

Am 7. August 1889: Phthisis bulbi incipiens. Sensibilität der Cornea wieder in toto vorhanden, aber stark herabgesetzt. Pupillargebiet durch die cataractöse Linse verlegt. Völlige Reizlosigkeit.

Letzte Untersuchung am 25. März 1890. Weit·vorgeschrittene Phthisis quadrata. Höhe der Cornea 7 mm., Breite 5½ mm. An der alten Eingangspforte in der Sklera spriesst ein grau-gelber Granulationsknopf auf, von einem dichten, feinen Venennetz umzogen. Palpation desselben schmerzlos. Auge vollständig reizlos.

Beobachtungsdauer post oper 1¼ Jahr.

41. Jacob St., 8 Jahre, aus Seesbach. Aufnahme am 18. October 1889. Am 8. October flog ihm ein Zündhütchen in's linke Auge. Der bisher behandelnde College hatte Enucleation verlangt. Eingangspforte in der Sklera: 5 mm. nach innen vom Cornealrand, in der Lidspaltenzone. In der Wunde liegen kleine Blutcoagula und Chorioidealpigment. Cornea normal. Iris ad maximum erweitert. Linse klar. Kein Augenleuchten. Starke Glaskörperblutung. Bei seitlicher Beleuchtung sieht man flottirende membranöse Blutschwarten im vorderen Glaskörper. Mässige pericorneale Injection. Leichte Schmerzen. Unbestimmte quantitative Lichtempfindung.

Injection und Schmerzen nehmen langsam zu. Iris wird auch allmählich stark verfärbt. Am 1. November diffuse grau-gelbliche Infiltration des Glaskörpers. Starke pericorneale Injection. Am 8. November beginnende Phthisis bulbi. Am 10. November: Resection, am 33. Tage. Alle subjectiven Beschwerden fehlen seither. Die bestehende eitrige Chorioiditis und Hyalitis verläuft torpid, chronisch. Es bleibt immer noch pericorneale Injection bestehen, doch ist sie entschieden weit weniger stark als vor der Operation.

Am 5. December röthlicher Reflex aus dem Augeninnern; in dem Glaskörperexsudat sind deutlich einzelne Blutgefässneubildungen zu unterscheiden. Bulbus weich. Am 10. December centrale Erweichung der Cornea. 17. December: der centrale Erweichungsheerd vergrössert sich.

Hypopyon tritt auf. Absolute Schmerzlosigkeit. 20. December: die infiltrirten Hornhautpartien hellen sich wieder auf; Hypopyon verkleinert sich. 25. December: Hypopyon vollständig resorbirt. Hornhaut bis auf eine ganz zarte, centrale Infiltration klar. Ciliarinjection noch nicht vollständig verschwunden. Auf Druck leichte Schmerzhaftigkeit. Sonst absolute Reizlosigkeit. Phthisis deutlich sichtbar. Entlassen.

Neuaufnahme am 25. Januar 1890. Seit 2 Tagen erhöhte Druckempfindlichkeit. Der zuerst behandelnde College hat nochmals dringend zur Enucleation gerathen. Der gelbröthliche Reflex aus dem Glaskörper hat entschieden an Röthung zugenommen. Sonst nichts Bemerkenswerthes. Druckempfindlichkeit nach 3 Tagen wieder verschwunden. Am 30. Januar wurde Pat. vollständig ohne Beschwerden wieder entlassen. Letzte Untersuchung am 23. März 1890. Weit fortgeschrittene Phthisis bulbi. Höhe und Breite der Cornea ca. 4 mm. Immer noch mässige pericorneale und conjunctivale Injection. Im Centrum der Cornea stecknadelkopfgrosse, stark vascularisirte, leicht grau-gelb infiltrirte frische Narbe. An dieser Stelle trat, nach Angabe des Vaters, am 7. März, also genau 5 Monate nach der Verletzung, der eingedrungene Fremdkörper heraus. Der Vater zeigt ihn uns als ein ca. 3 mm. breites, $2\frac{1}{2}$ mm. hohes, zweifach umgerolltes Kupferstückchen. Am 1. März sei es an der erwähnten Stelle sichtbar und am 7. März von ihm ohne Mühe entfernt worden.

Sensibilität der Cornea erhalten, aber abgeschwächt. Spontan und auf Druck absolute Empfindungslosigkeit.

Beobachtungsdauer post oper. $4\frac{1}{2}$ Monate.

Werfen wir jetzt einen kurzen Ueberblick über die durch die 41 Krankengeschichten gewonnenen klinischen Thatsachen, so sehen wir:

Die Resection mit absolut günstigem Erfolg ausgeführt.

In 15 Fällen, wo die Kranken durch ihr erblindetes Auge direct und ausschliesslich litten.
Entweder waren es recidivirende Entzündungs- und Rei-
zungszustände mit heftigen Schmerzen, oder quälende Photopsien, worüber die Patienten klagten.

Im einzelnen vertheilen sich diese Fälle wie folgt:

1. Glaucoma secundarium absolutum
   a) nach Leucoma adhaerens mit Staphylomdegene-
      ration. Nr. 1 bis 3.
   b) nach Irido-Chorioiditis chron. mit Pupillar-
      verschluss. Nr. 4 und 5.
2. Glaucoma hämorrhagicum. Nr. 6.
3. Solutio Retinae mit heftigen Photopsien und cyklitischen Schmerzen. Nr. 7.
4. Irido-Chorioiditis chron. mit starken cyklitischen
   Schmerzen. Nr. 8.
5. Schmerzhafte Phthisis bulbi. Nr. 9 bis 15, darunter
   Knochenbildung im Bulbusinnern. Nr. 9.

In 7 von diesen 15 Fällen verschwand die ausserdem noch bestehende sympathische Reizung des
anderen, gesunden Auges. Nr. 7; 10 bis 15.

Sodann wurde die Resection in 26 Fällen ausgeführt, in denen eine sympathische Entzündung
des anderen Auges befürchtet werden konnte.

I. Bei 4 Fällen von Phthisis bulbi (nach Eröffnung
der Bulbuskapsel durch Trauma oder spontane Entzündung)
mit frischer entzündlicher Reizung. Nr. 16 bis 19.

II. Bei 22 frischen Verletzungen, und zwar:
   1. Skleralruptur. Nr. 20 bis 24.
   2. Verletzung der Cornea, Iris etc. ohne Betheili-
      gung des Corpus ciliare. Nr. 25 bis 29.
   3. Verletzung, die in's Corpus ciliare sich hinein-
      erstreckt. Nr. 30 bis 33.

4. Corpus alienum in bulbo. Nr. 34 bis 41. Zündhütchen 34, 40, 41. Eisen 35; Stein 36;
Marmor 38; Schrotkorn 39; Dynamitspreng-
schuss. 37.

Die Technik der Operation, wie Herr Dr. Pagenstecher sie übt, ist folgende:

Die Conjunctiva wird über der Insertionsstelle des
m. rectus int. eingeschnitten und der Muskel mit einem gewöhnlichen Schielhaken hervorgeholt. Nun wird ein starker
Seidenfaden, dessen beide Enden mit einer Nadel armirt
sind, durch den Muskel gelegt, darauf die Sehne dicht an
ihrer Ansatzstelle abgelöst und der durch den Faden fixirte
Muskel dem Assistenten übergeben, der ihn mit ganz leichtem
Zuge nasenwärts hält. Jetzt wird die Tenon'sche Kapsel
gegen den M. rectus super. und infer., sowie nach hinten zu,
so weit gelockert, als dies möglich ist. Oft genug müssen dabei entzündliche Adhäsionen, die sich gebildet haben, ausgiebig gelöst werden. Darauf wird ein scharfes Doppel-
häkchen, genau in der horizontalen Mittellinie möglichst weit
nach hinten in die Sklera eingeschlagen, der Bulbus durch
das Häkchen ganz nach aussen und etwas nach vorne gezogen und mit der Spitze der geschlossen eingeführten
starken Hohlscheere der sich strangförmig anspannende
Opticus palpirt. Sobald man denselben aufgefunden, werden die Branchen der Scheere geöffnet, die Scheere nach
hinten zu vorgestossen und nun der Opticus möglichst weit
nach hinten durchschnitten. Es erfolgt dabei eine mässige
Blutung. Mit dem Häkchen wird jezt der hintere Theil
des Bulbus nach vorne rotirt und sofort mit der geschlossen
eingeführten Scheere der Opticus ohne viel Mühe aus der
Tenon'schen Kapsel herausgehebelt. Sogleich, wie er sichtbar wird, fasst der Assistent das centrale Ende mit einer
Hakenpincette und zieht dasselbe kräftig an. Dadurch wird
der hintere Umfang des Bulbus vollständig nach vorne
luxirt. Jetzt wird der Opticus dicht an der Skleralkapsel
abgeschnitten und mit einigen kurzen Scheerenzügen der

hintere Pol, soweit er zugängig ist, glatt präparirt. Eine Lösung der beiden Obliquussehnen, wie sie Schweigger vornimmt, wird von Pagenstecher unterlassen. Nun wird der Bulbus wieder zurückgelegt und vom Assistenten mit der Kuppe des Zeigefingers nach innen und hinten rotirt. Die Sehne des Internus wird jetzt mit den beiden Nadeln an die Sklera dicht am Cornealrand angenäht und je nach Bedürfniss noch die Conjunctivalwunde durch 1 oder 2 Nähte vereinigt.

Die Operation geschieht in Aethernarkose, Chloroform wird überhaupt schon seit ca. 15 Jahren in der Wiesbadener Augenheilanstalt nicht mehr angewandt und kann die von Silex jüngst in der Berliner Klinischen Wochenschrift veröffentlichte Empfehlung der Aethernarkose diesseits nur warm unterstützt werden.

In zwei Fällen von Vitium cordis, wo bereits Jahre lang Opticusatrophie bestand, wurde unter 2% Cocaïnanästhesie ohne Aethernarkose die Operation absolut schmerzlos ausgeführt.

Die Blutung aus der Arteria centralis hat in fast allen Fällen einen mässigen Exophthalmus zur Folge. Jedoch genügen die beiden Muskelnähte und die Conjunctivalnaht durchweg, den Exophthalmus zu beherrschen. Meist ist schon nach 4 bis 6 Tagen gar keine Prominenz des Bulbus mehr wahrnehmbar, selbst wenn die Blutung eine ungewöhnlich starke war. Der Fall 29, wo in Folge einer exorbitant starken Blutung der Bulbus vor die Lidspalte luxirt wurde und eine partielle Nekrose der Sklera eintrat, steht wohl überhaupt vereinzelt da. Es muss sich hier um abnorme Gefässverzweigungen oder um ganz besonders stark vorgeschrittene (sklerotische?) Gefässwandveränderung gehandelt haben. (Atherom der palpabeln Körperarterien war allerdings nicht nachweisbar.) Ist eine Reposition auch für späterhin nicht zu erwarten, so dürfte es bei einem so hochgradigen Exophthalmus am zweckmässigsten sein, die sofortige Enucleation folgen zu lassen, anstatt den Pat. jenem so langwierigen Heilungsprocess zu unterziehen.

Von besonderen Zufällen möchte ich noch anführen, dass beim Einschlagen des Doppelhäkchens in die hintere Sklera zweimal die durch staphylomatöse Processe hochgradig verdünnten Augenhäute perforirt wurden und beide Male durch enormen Verlust des ganz verflüssigten Glaskörpers der Bulbus vollständig collabirte. Allein schon beim ersten Verbandwechsel war die Spannung der Bulbuskapsel wieder vollständig normal und blieb es auch. In keinem Falle wurde der Bulbus phthisisch, wie man vielleicht hätte befürchten können, und so hatte dieser Zufall nur die eine unangenehme Folge, dass bei der Operation das Auffinden des Opticus erheblich erschwert wurde.

Eine eigenthümlich antiphlogistische Wirkung der Resection ist uns, bei bestehender eitriger Chorioiditis, verschiedentlich in geradezu frappanter Weise aufgefallen. Ich verweise auf die Krankengeschichten 33, 38, 40, 41. Processe, die höchst stürmisch einsetzten und fulminant verliefen bis zum Momente der Operation, erhielten nachher einen merkwürdig chronischen, torpiden Charakter. Ich betone hiebei ausdrücklich, dass es ganz den Eindruck machte, als ob — abgesehen von dem Fehlen der subjectiven Reizerscheinungen — die Acuität des Entzündungsprocesses selbst entschieden alterirt würde.

In zwei Fällen, Nr. 1 und 12, ist nach der Operation ein eigenthümliches Zurückgehen einer staphylomatösen Vorbuchtung der Cornea beobachtet worden. Das Staphylom, das bis zur Operation unaufhaltsam gewachsen, verkleinerte sich nachher in einer selbst dem Pat. auffallenden Weise. Die vorher stark erhöhte Tension des Bulbus sank dabei wieder bis zur Norm. In allen anderen Fällen von Spannungserhöhung blieb dieselbe aber fortbestehen, so dass wir in dieser Hinsicht aus dem zweimaligen Vorkommen noch keine besonderen Schlüsse ziehen dürfen.

In allen Fällen trat unmittelbar nach der Operation eine vollständige Anästhesie der Cornea ein. Jedoch war dieselbe keine dauernde. In einigen Fällen erhielten schon nach 2 bis 3 Wochen, in den meisten aber etwas später die äussersten Randpartien der Hornhaut eine geringe Sensibilität wieder. Nach längerer Dauer konnte stets constatirt werden, dass die Sensibilität im ganzen Cornealbereich wieder hergestellt, aber erheblich abgeschwächt war.

In Fällen, in denen der Pupillarrand der Iris nicht an der Linsenkapsel adhärent war, trat meist eine maximale Mydriasis ein (cf. Fall 20., 23., 24.), wie bereits Schweigger angiebt.

Allein dies war nicht immer der Fall. Denn in einem Falle, Nr. 22, wurde 21 Monate nach der Resection eine leichte Myosis und ganz prompte consensuelle Pupillarreaction bei Beleuchtung des anderen Auges constatirt. Wie die Pupille sich gleich nach der Operation verhielt, kann nicht angegeben werden, da wegen der bestehenden Iritis damals bis zur Entlassung constant Atropinmydriasis bestand. Ob man diese letzteren Thatsachen, sowie die vorhin erwähnte Wiederherstellung der Sensibilität für die Annahme einer Wiedervereinigung der motorischen und sensibeln Ciliarnervenfasern wird verwerthen dürfen, darüber wage ich keine Vermuthungen anzustellen.

Schliesslich möchte ich nochmals auf Krankengeschichte Nr. 41 hinweisen. Wir sehen hier die seltene Thatsache, dass ein Zündhütchen, welches 5 mm. nach innen vom Cornealrand durch die Sklera eingedrungen war, 5 Monate nach der Verletzung an einer alten Erweichungsstelle der Cornea wieder eliminirt wurde.

Die Operation erfordert eine gewisse technische Fertigkeit, die sich aber sehr schnell aneignen lässt. Es gelang manchmal ohne Mühe, in 3 bis 4 Minuten die ganze Operation zu vollenden. Das längste Stück, was bisher hier resecirt wurde, mass 15½ mm. Jedoch gelang es durchaus nicht immer, so viel vom Opticus heraus zu holen, besonders dann nicht, wenn der Bulbus matsch war und sich starke entzündliche Adhäsionen in der Orbita bereits gebildet hatten. Allein ein um die Hälfte kürzeres Stück dürfte auch wohl dem Zweck der Operation vollständig entsprochen haben.

Denn wir können uns nicht vorstellen, wie es möglich sein sollte, dass, nach Herausnahme eines auch nur 5 mm. langen Opticusstückes, eine Wiederverwachsung der beiden Schnittenden stattfinden sollte, zumal, da ja das centrale Ende sofort tief in die Orbita sich zurückzieht — man denke nur daran, wie schwierig es werden kann, nach einer Enucleation noch den zurückgeschlüpften Opticusstumpf aufzufinden — und ausserdem auch noch deshalb, weil die auftretende Blutung doch entschieden das topographische Bild mehr oder weniger verändern wird. Wenn nicht hinreichend genug Beweise vom Gegentheil vorhanden wären, könnte man selbst versucht sein, bei einer wirklich erfolgten, blossen Durchschneidung des Opticus die Möglichkeit einer Wiederverwachsung der beiden Schnittenden aus den eben angeführten Gründen in Abrede zu stellen. Jedoch beweisen der Sectionsbefund Mauthner's mit Sicherheit und der von Leber veröffentlichte Fall von Auftreten einer sympathischen Entzündung nach der Neurotomia optico-ciliaris mit Wahrscheinlichkeit, dass eine Wiederverwachsung der bloss durchschnittenen Sehnervenstücke stattfinden kann.

Jedenfalls aber — und das ist für uns die Hauptsache — ist die blosse Neurotomia optico-ciliaris zur Verhütung des Sympathischen absolut nutzlos. Wen der Leber'sche Fall nicht überzeugt, indem er nach Schweigger's Vorgang an dem sympathischen Charakter der dort aufgetretenen Uveïtis serosa zweifelt, der lasse sich durch folgende Krankengeschichte, die selbst unseren Glauben an die prophylaktisch sichere Heilwirkung der Resection erheblich erschüttert hat, belehren.

Wilh. H., 9 Jahre alt, Taglöhnerskind aus Nassau, wurde am 5. November 1889 in die Armenaugenheilanstalt wegen einer Stichverletzung des linken Auges aufgenommen.

Am 3. November hatte ihn sein Schwesterchen beim Mittagstisch mit der Essgabel in's linke Auge gestochen.

Dicht am oberen-inneren Cornealrand zeigte sich eine Perforationswunde der Sklera; die Iris war ganz leicht prolabirt und die Pupille nach dieser Stelle hin verzogen. Cornea klar; Kammerwasser trübe; $1/2$ mm. hohes Hypopyon. Irisgewebe stark hyperämisch und trüb. Zahlreiche hintere Synechien; eitrig-plastisches Exsudat im Pupillargebiet. Nur schwaches Augenleuchten; Spannung normal; gute Lichtperception; S = Finger in 1 m. Sehr starke pericorneale Injection. Heftige Schmerzen.

Auf. Atropin und heisse Cataplasmen lindern sich die starken Reizerscheinungen. Am 10. November ist das Hypopyon resorbirt; Iris ist nicht mehr so trüb und verfärbt; das Exsudat im Pupillargebiet ist viel lichter geworden, so dass ein Einblick in den vorderen Theil des Augenhintergrundes bei seitlicher Beleuchtung sich schon gewinnen lässt. Linse klar; doch zieht sich von der Wunde aus eine grau-gelbliche Infiltration in die angrenzenden vorderen Glaskörperpartien nach innen-oben. Sehvermögen sinkt noch mehr.

Am 15. November fehlt jede Lichtempfindung. Die Injection und die übrigen Reizerscheinungen haben noch etwas abgenommen; allein die Glaskörperinfiltration hat ganz bedeutend zugenommen. Spannung des Bulbus ganz matsch. Am 18. November beginnende Phthisis. Am 19. November, am 16. Tage nach der Verletzung, soll die Resection vorgenommen werden. Da starke entzündliche Adhäsionen vorhanden sind, ist die Operation, zumal der Bulbus ganz weich ist, recht schwierig. Nachdem der hintere Pol des Bulbus nach der ersten Durchschneidung des Opticus nach vorne rotirt ist, zeigt sich, dass dieselbe nicht weit genug central ausgefallen ist: die Schnittfläche liegt dicht an der Skleralkapsel, so dass es nunmehr nur gelingt, etwa $1/2$ mm. von der Scheide, aber nichts von der Substanz des Opticus selbst zu reseciren.

In gewohnter Weise wird nun der ganze hintere Pol glatt präparirt und die Operation, wie vorher beschrieben, zu Ende geführt.

Der Erfolg dieser Neurotomia optico-ciliaris hinsichtlich der Herabsetzung der Sensibilität der Cornea, sowie des sofortigen Aufhörens aller subjectiven Beschwerden ist genau derselbe, wie bei der Resection.

Die bereits beginnende Phthisis bulbi macht nun sehr schnelle Fortschritte. Die Glaskörperinfiltration nimmt zu, ohne dass es zu stärkeren Reizerscheinungen kommt. Im Gegentheil schwindet die Injection des Bulbus langsam, aber fortwährend, so dass Pat. am 8. Januar 1890 entlassen werden kann. Selbst auf starken Druck ist das linke Auge absolut schmerzfrei. Das rechte Auge ist vollkommen gesund und hat normale Sehschärfe.

Am 9. März 1890 wird uns der Junge wieder gebracht mit einer vollständig entwickelten Iridocyklitis sympathica des rechten Auges.

Der Vater sagt aus, er habe seit etwa 14 Tagen eine leichte Entzündung des rechten Auges bemerkt. Da der Junge aber nicht über Schmerzen geklagt habe, so bringe er ihn erst heute. Nach diesen Angaben traten also die ersten entzündlichen Erscheinungen des rechten Auges etwa 110 Tage nach der Verletzung und 95 Tage nach der Neurotomie auf.

Die Cornea des rechten Auges ist ganz leicht gestippt durch vereinzelte, rauchige parenchymatöse Trübungen. Kammerwasser trübe. Mittlere Tiefe der Vorderkammer; Iris hochgradig gelb-grünlich verfärbt und von höchst charakteristischem, schmutzig-trübem Aussehen. Von den Irisleisten treten einzelne leicht buckelförmig vor. Pupille mittelweit, starr. Auf Atropin erweitert sie sich nur wenig und unregelmässig queroval; zahlreiche hintere Synechien. Das Pupillargebiet ist durch eine ganz zarte Exsudatschwarte verlegt. Im unteren Drittel der Cornea erkennt man bei Loupenvergrösserung einige wenige Präcipitate auf die Descemeti.

Linse klar. Leichte diffuse und mehrere bewegliche Glaskörpertrübungen. Augenhintergrund lässt sich noch

erkennen. Mit absoluter Gewissheit wird constatirt, dass
A n z e i c h e n v o n P a p i l l i t i s o d e r N e u r o r e t i n i t i s
v o l l s t ä n d i g f e h l e n. Tiefe pericorneale Injection; Lichtscheu; Thränen; keine Druckempfindlichkeit. Spannung vermindert. Sehvermögen gleich $^6/_{36}$. Keine Accommodations-
beschränkung. Ohne Glas wird Jäger Nr. 3 in 20 cm.
Entfernung gelesen.

Links: Phthisis bulbi weit vorgeschritten. Cornea in
toto vollkommen anästhetisch. Vordere Synechie nach oben-
innen. Pupille dorthin verzogen. Iris durch neugebildete
Gefässe stark verfärbt; im Pupillargebiet buchten sich
weisslich-gelbliche Linsenmassen und eine feine Exsudatschwarte, die die Katarakt theilweise bedeckt, etwas vor.
T i e f g e h e n d e p e r i c o r n e a l e I n j e c t i o n. Selbst bei
stärkstem Druck absolute Empfindungslosigkeit. Fehlen
aller subjectiven Beschwerden.

Das ganze Bild des rechten Auges mit seiner eigenthümlich schmutzigen, trüben, gelblich-grünlich verfärbten
Iris war ein so trostloses, dass von Herrn Dr. Pagenstecher die Prognose als im höchsten Grade dubiös ge-
stellt wurde.

Zur Vervollständigung der Krankengeschichte sei noch
kurz bemerkt, dass alle Zeichen von hereditärer Lues,
Tuberculose oder dergl. fehlten.

Es wurde zu einer energischen Inunctionscur, 3.0 Ung.,
einer. pro die, und zur localen Behandlung mit Atropin
und warmen Cataplasmen geschritten.

Wider alles Erwarten schien anfangs der Process noch
einen relativ günstigen Verlauf zu nehmen. Die pericorneale
Injection nahm in den nächsten 3 Wochen fortwährend,
allerdings langsam, ab; das Kammerwasser hellte sich auf;
die Farbe der Iris verlor jenen verdächtigen, schmutzig-
trüben Ton; das Auge wurde ruhiger. Die Atropinmydriasis blieb dieselbe, wie am Anfange; jedoch nehmen die Beschläge auf die Descemeti zu.

Am 20. April wird constatirt, dass die Injection fast

vollständig verschwunden ist. Allerdings gelingt es wegen der Beschläge auf die Descemeti und wegen der zarten Pupillarmembran nicht, ein deutliches Bild des Augenhintergrundes zu bekommen, wobei ich bemerke, dass die ophthalmoskopische Untersuchung nicht forcirt wird; denn bei der geringsten Anstrengung, die dem Auge zugemuthet wird, entsteht immer wieder eine beträchtliche Injection. Immerhin macht es den Eindruck, als ob doch vielleicht die Neurotomie den Process nach einer relativ günstigen Seite beeinflusst habe und als ob das Auge nicht dem völligen Untergang geweiht sei.

Am 28. April will es das Unglück, dass Pat. von einem anderen Kind mit einem Holzstück aus einem Baukasten gegen das rechte Auge geworfen wird.

Bei der Abendvisite zeigt sich das Auge wieder hochgradig injicirt, und es ist wieder eine starke Trübung des Kammerwassers eingetreten, die das Sehvermögen bis auf Erkennen der Finger in 4 m. Entfernung herabsetzt. Spannung des Bulbus weich.

Am 5. Mai 1890, wo vorliegende Arbeit abgeschlossen wird, hat sich das Auge wieder bedeutend erholt; Trübung des Kammerwassers und Injection sind erheblich geringer, so dass wir wieder mehr Hoffnung auf einen relativ günstigen Endausgang haben.

Wer gedenkt beim Durchlesen dieser Krankengeschichte nicht der warnenden Worte Mauthner's: „Möge kein Operateur, der vertrauensvoll die Neurotomie als Präventiv vorgenommen hat, und damit die Enucleation ersetzt zu haben glaubt, die furchtbare Enttäuschung erleben, den Neurotomirten mit entwickelter Iridocyklitis sympathica wieder zu sehen."

Es bleibt nun abzuwarten, ob die Resection wirklich mehr leisten wird, als die Neurotomie.

Das Ausbleiben der sympathischen Entzündung in den oben angeführten 26 Fällen hat ja nicht viel Beweiskraft, da wir ja absolut keine Merkmale für die Wahrscheinlichkeit des Auftretens einer sympathischen Entzündung haben, und wir ja gar nicht wissen können, ob überhaupt in einem einzigen der 26 Fälle ohne Resection eine Sympathische eingetreten wäre. Das macht eben die Sachlage so prekär.

Da kann — wie schon Eingangs bemerkt — nur eine hinreichend grosse klinische Erfahrung uns überzeugend belehren.

Andererseits würde aber auch das eventuelle Auftreten einer Sympathischen nach ausgeführter Resection nicht ohne Weiteres gegen die Leistungsfähigkeit dieser Operation sprechen. So hat z. B. der von Clausen mitgetheilte Fall, in dem trotz der Resection eine sympathische Entzündung des zweiten Auges aufgetreten sein soll, absolut keine Beweiskraft gegen die Neurektomie, wie schon Deutschmann sehr richtig bemerkt. (l. c.) „Die kurze Zeit von 13 Tagen, die zwischen der Resection und den ersten Erkrankungserscheinungen am zweiten Auge liegt, spricht durchaus dafür, dass die Infectionsträger die Sehnervenbahn bereits beschritten hatten, als die Operation vollführt wurde. Es ist dann natürlich anzunehmen, dass sie bereits weiter central vorgedrungen waren, als der Stelle der Opticusresection entspricht.‟

Eine Resection muss nämlich, um vollständig einwandfrei zu sein, folgenden zwei Bedingungen genügen:

1. Die Ueberleitungsbahn, also nervus opticus, subvaginaler und supravaginaler Raum müssen dauernd unterbrochen werden. Um dies zu erreichen, soll die Resection ausgiebig genug sein. Schweigger fordert nun kategorisch 10 mm. als minimalste Ausdehnung für das resecirte Stück. Jedoch werden einige Millimeter weniger wohl auch genügen. Jedenfalls wird man genau notiren müssen, wie viel Millimeter im einzelnen Falle resecirt wurden, um event. späteren Einwendungen in dieser Hinsicht begegnen zu können.

2. Die Ueberleitungsbahn muss frühzeitig genug unterbrochen werden, bevor noch das die sympathische Ophthalmie erregende Virus seine Wanderung angetreten hat. Das

ist nun die schwierigste Frage, deren befriedigende Lösung wohl nicht immer gelingen wird.

Die kürzeste Frist, die zwischen der Verletzung des einen und der sympathischen Erkrankung des anderen Auges beobachtet worden, beträgt in einem von Mooren angeführten, etwas zweifelhaften Falle 4 Tage (ich entnehme alle diese Daten der Zusammenstellung in Deutschmann's citirtem Werk), in einem von Becker angeführten, auch nicht ganz einwandfreien Falle 10 Tage, in 2 anderen Fällen, die völlig einwandfrei zu sein scheinen, von Vignaux und von Gunn je 14 Tage. Die längste Zeitdauer soll 34 Jahre betragen haben. Man vergegenwärtige sich diesen Spielraum, man bedenke, dass oft genug der sympathischen Ophthalmie keine warnenden Reizerscheinungen vorangehen und man sieht, wie schwierig die jedesmalige Bestimmung des Begriffes „frühzeitig genug" ist. Und doch ist gerade dieser Punkt von besonders hervorragender Bedeutung. Das beweisen meiner Ansicht nach unzweifelhaft die 16 in der Litteratur bekannten Fälle, in denen die Enucleation des verletzten Auges stattgefunden, zu einer Zeit, wo das andere Auge noch vollständig gesund gewesen, und wo doch trotzdem eine Sympathische aufgetreten ist, und zwar nach 1 bis 25 Tagen. Hiernach müsste also von den Anhängern der Theorie der Ueberwanderung entlang dem Sehnervenapparat angenommen werden, dass unter Umständen diese Ueberwanderung von dem Sehnerv des erkrankten Auges bis zum anderen Auge einen Zeitraum von 25 Tagen in Anspruch nehmen kann, eine Frist, die bei Berücksichtigung der Deutschmann'schen Experimente manch' einem als etwas lange vorkommen könnte, mir aber doch annehmbar erscheint. In unserem vorher angeführten Fall trat aber erst 95 Tage nach der Neurotomie die sympathische Entzündung auf. Eine so lange Ueberwanderungsdauer des Virus ist aber mehr wie unwahrscheinlich, so dass in diesem Falle wohl nur eine Wiederherstellung der Leitungsbahn nach der Neurotomie angenommen werden könnte.

Es liegt nun auf der Hand, dass bei dem unsichern Boden, auf dem wir uns hier bewegen, diese zweite Forderung je nach der subjectiven Ansicht des Einzelnen jedesmal eine verschiedene Deutung erfahren kann.

Der praktische Standpunkt ist wohl der, dass man sich zur Resection selbstverständlich nur bei solchen Augen entschliesst, die zur Zeit sicher verloren sind, oder in denen man bestimmte Anzeichen für den späteren völligen Verlust der Sehkraft hat. Dann zaudere man auch nicht länger, mit der Resection, um nach Kräften der zweiten Forderung gerecht zu werden.[1]) Diesen beiden Bedingungen muss eine Resection genügen, wenn sie — soweit dies möglich ist — völlig einwandsfrei sein soll, und dies hatte ich im Auge, als ich in der Einleitung von einer „rite" ausgeführten Operation sprach.

Wenn wir zum Schluss — aus dem Rahmen unserer Arbeit heraustretend — nach dem eigentlichen Wesen der sympathischen Ophthalmie fragen, so verlassen wir bei der Erörterung dieses Punktes jegliche sichere Grundlage klinischer Erfahrung und begeben uns auf den unsicheren Boden theoretischer Raisonnements.

Die aus experimentellen Forschungen gezogenen Consequenzen haben nur dann einen Anspruch auf Berechtigung, wenn sie mit den klinischen Erfahrungen in Einklang gebracht werden können. Und das können meiner Ansicht nach die Deutschmann'schen Schlussfolgerungen nicht.

Zugegeben, was von Randolf geleugnet wird, dass es Deutschmann wirklich gelungen ist, durch Einspritzung

---

[1]) Zuweilen ist man in der bösen Lage, und zwar gerade in Fällen, die erfahrungsgemäss ganz besonders eine sympathische Entzündung befürchten lassen, dass das verletzte Auge noch über ein erhebliches Sehvermögen verfügt, so dass der Patient event. mit diesem Auge allein — bei totaler Erblindung des anderen — sich würde zurechtfinden können. Hier irgend welche Vorschrift zu geben, ist unmöglich. Da richtet sich das therapeutische Handeln einzig und allein nach dem subjectiven Ermessen des Einzelnen.

von Staphylococcus pyogenes in den Glaskörper eines
Kaninchenauges eine Entzündung des anderen Auges her-
vorzurufen, welche direct durch die im Sehnervenapparat
continuirlich übergeleiteten Staphylococcen erregt worden ist,
so hat diese Entzündung des zweiten Kaninchenauges, soweit
man dies aus den kurzen dort angeführten Notizen ersehen
kann, mit dem, was wir unter „sympathischer" Entzündung
beim Menschen verstehen, auch absolut nichts gemeinsam.
Wären die Kaninchen nicht nach wenigen Tagen an Allgemeininfection gestorben, dann wäre der eitrige Charakter
der Entzündung des zweiten Auges sicherlich noch besser
zum Ausdruck gekommen. Die Coccen hätten eben im
zweiten Auge genau dasselbe gethan, wie im ersten und
wie auch sonst überall: sie hätten eine Eiterung zur Folge
gehabt.

Wer aber das typische Bild einer sympathischen Iridocyklitis mit seiner eigenthümlichen Tendenz zur ringförmigen
Schrumpfung und Schwartenbildung sich vergegenwärtigt,
der kann aus klinischen Gründen sich nie mit dem Ge-
danken befreunden, dass dieses einzig in seiner Art dastehende
Bild, das in seiner Eigenart nicht zu verwechseln ist und
noch nie beobachtet wurde, wenn das andere Auge gesund
war, durch einen „Eitercoccus" hervorgerufen sein soll.
Deutschmann sucht uns dies dadurch plausibel zu machen,
dass er angiebt, die Coccen kämen nach ihrer langen Wanderung entlang dem Sehnerventractus, zum Theil noch gegen
den Lymphstrom, so ermattet und verkümmert im zweiten
Auge an, dass sie es hier gar nicht mehr zu einer ordent-
lichen Eiterung, wie im ersten Auge bringen könnten.
Selbst wenn man diese, Manchem etwas sonderbar vor-
kommende Theorie gelten lassen wollte, so müsste man
doch meinen, dass bei so zahlreichen Fällen von sympathischer Augenentzündung wenigstens einige wenige Male die
im zweiten Auge ankommenden Coccen noch so viel von
ihrer ursprünglichen Kraft besässen, dass sie eine Eiterung
erregen würden. Allein eitrige Processe als Ausdruck einer

echten sympathischen Entzündung sind in der Litteratur unbekannt. Jedenfalls sind die von Deutschmann pag. 124 bis 126 angeführten Fälle nicht einwandsfrei.

Deutschmann glaubt, seine Angaben noch durch bakteriologische Untersuchungen menschlicher Bulbi gestützt zu haben. Er hat zunächst, in 12 von 13 darauf hin untersuchten Fällen, Coccen, Doppelcoccen und Stäbchen in Augen, die wegen Erregung von sympathischer Ophthalmie enucleirt wurden, nachgewiesen. Er hat weiterhin in 9 Fällen den Nachweis gebracht, dass die so gefundenen Mikroorganismen auch pathogen sind durch Reinzüchtung von Micrococcus pyogenes albus und aureus. Und schliesslich ist es ihm gelungen, viermal aus dem Kammerwasser und einmal aus dem Irisgewebe zweiterkrankter, sympathisch-afficirter Augen den Coccus pyogenes albus und aureus zu züchten. Obwohl nun diese Angaben Manchen stutzig machen können, leugne ich doch jede Beweisfähigkeit, denn es fehlen die so ungemein wichtigen Controlversuche. Deutschmann hätte, um Schlüsse von solcher Tragweite ziehen zu dürfen, eine grössere Anzahl von Augen, die nicht wegen Gefahr der sympathischen, sondern aus anderen Gründen enucleirt wurden, untersuchen müssen. Deutschmann hätte in einer grösseren Anzahl von nicht sympathisch afficirten Augen Kammerwasser und Irisgewebe untersuchen müssen. Bei genau derselben Untersuchungstechnik wäre ihm vielleicht auch hier der Nachweis pathogener Mikroorganismen gelungen. Erst wenn dies nicht der Fall gewesen, würden seine bakteriologischen Resultate zwingende Beweiskraft haben.

Und weiterhin — wäre der Erreger der sympathischen Ophthalmie ein Eitercoccus, so kann ich mir das Ausbleiben einer Meningitis bei Ueberwanderung an der Hirnbasis absolut nicht erklären. Bei einem Kaninchen, das 3 Tage nach Impfung des einen Glaskörperraumes mit Staphylococcus pyogenes aureus starke Hyperämie der Papille des zweiten Auges bekam und am gleichen Tage an Allgemeininfection starb, fand sich nach Deutschmann's eigener Angabe bei der Section „leichtes Oedem der pia mater der Basis" pag. 35; und pag. 36 heisst es: „die pia mater an der Basis zeigt in nächster Nähe des Chiasma mässige Durchsetzung mit Rundzellen". Würde das Kaninchen länger gelebt haben, dann wären auch die meningitischen Erscheinungen wohl ausgeprägter geworden. Es beweist eben dieser Befund das, was so nahe liegt, dass nämlich Coccen auf ihrem Wege zum anderen Auge an der Hirnbasis entzündliche Veränderungen setzen.

Die klinische Erfahrung lehrt aber, dass wenn auch Meningitis in einzelnen Fällen bei sympathischer Entzündung beobachtet wurde, sie gewissermaassen doch nur als eine Begleiterscheinung aufzufassen war, bedingt durch andere Ursachen und nicht durch das die sympathische Entzündung erregende Virus.

An dieser Stelle möchte ich einen eigenthümlichen Fall mittheilen, der in mancher Hinsicht ein ganz besonderes Interesse beanspruchen dürfte.

Martin Bl., 24 Jahre alt, Küfer aus Castell, wurde am 11. December 1879 in die Armenaugenheilanstalt aufgenommen.

Pat. erkrankte vor 10 Tagen unter Frost und Uebligkeit. Dazu klagte er über Mattigkeit und Schmerzen im rechten Bein. Am folgenden Tage stellten sich starke Kopfschmerzen und Erbrechen, sowie Schwindelgefühl und Fieber ein. Am 3. Tage trat Stirnkopfschmerz und Dunkelheit vor dem rechten Auge auf. Seit dieser Zeit Erblindung rechts, anhaltende Kopfschmerzen und Benommenheit.

Bei der Aufnahme zeigt sich der rechte Bulbus stark injicirt; Cornea klar; Kammerwasser leicht trübe. Pupille ganz erweitert. Iris verfärbt, vereinzelte hintere Synechien. Leichtes Exsudat auf die Vorderkapsel. Kein Augenleuchten. Absolute Amaurose.

Bei seitlicher Beleuchtung sieht man in der Tiefe des Glaskörpers einen eigenthümlich gelben Reflex, an dem Einzelheiten nicht zu unterscheiden sind. Tension etwas vermindert.

Links: $= E$; $S = ^6/_6$. Ordination: Heurteloup, stündlich 1 Tropfen Atropin. Warme Cataplasmen.

Am 13. December. Pupille nicht mehr maximal erweitert. Zahlreiche hintere Synechien.

15. December. Pat. klagt über starkes Sausen im ganzen Kopf, besonders vor dem rechten Ohr. Iris noch stärker verfärbt. Calomel innerlich; spanisches Fliegenplaster in den Nacken.

Bei der Abendvisite klagt Pat. über unerträgliche rechtseitige Kopfschmerzen, sowie über Verlust des Hörvermögens auf dem rechten Ohr. Beklopfen des processus mastoideus rechts ist schmerzhaft. Pat. macht einen ganz somnolenten Eindruck. Temperatur 37.9; Puls 52. Atropin bleibt fort. Calomel wird weiter gebraucht.

16. December. Bedeutende Schwellung beider Lider rechts. Bulbus prominent, unbeweglich. Starke Schmerzhaftigkeit der ganzen rechten Gesichtshälfte. Starker Kopfschmerz; Taubheit rechts. Puls 54; Temperatur 37.5. Im Laufe des Tages viermalige Stuhlentleerung.

Abends subjectives Befinden besser; Temperatur 38.4; Puls 60.

17. December. Die von Herrn Sanitätsrath Pagenstecher vorgenommene Untersuchung des Ohres ergiebt: „Aeusserer Gehörgang frei. Trommelfell in normaler Lage, jedoch in toto injicirt. Stärkere Röthung entlang dem Hammergriff. In der Paukenhöhle noch kein Exsudat. Jedenfalls aber starke Hyperämie. Lichtkegel noch sichtbar.

Die entzündliche Schwellung der Lider noch gleich stark. Bulbus immer noch leicht prominent.

Pat. fühlt sich besser und wünscht Wein, an den er sehr gewöhnt sei. Morgentemperatur 37.6, Puls 62. Abendtemperatur 38.3, Puls 58.

18. December. Stat. id.

22. December. Gestern Abend Durchbruch und Ent-

leerung des Eiters an einem Punkt, etwa in der Mitte des Oberlides. Subjectives Befinden gut. Abendtemperatur 37.8; Puls 68.

23. December. Beträchtliche Abnahme der Schwellung der Lider. Prominenz des Bulbus verschwunden. Sensorium frei. Beginnende Phthisis bulbi.

9. Januar 1880. Bulbus auf etwa $^2/_3$ seiner Grösse geschrumpft. Puls nicht mehr verlangsamt. Allgemeinbefinden gut. Hörvermögen rechts vollständig erloschen.

16. Januar. Bulbus auf ca. $^1/_2$ geschrumpft. Nicht druckempfindlich. Pat. entlassen.

Die bei der Aufnahme gestellte Diagnose auf Chorioiditis metastatica post meningitidem erhielt durch den weiteren Verlauf ihre volle Bestätigung. Es wurde zwar die Möglichkeit einer sympathischen Entzündung des anderen Auges in Betracht gezogen; allein der damaligen Auffassung entsprechend, dass nach Panophthalmie eine sympathische so gut wie gar nicht zu befürchten sei, wurde von einer Enucleation des Stumpfes Abstand genommen.

Am 17. Februar 1880 stellt sich Pat. wegen „einer leichten Entzündung" des linken Auges wieder vor.

Stat. praes.: Leichte pericorneale Injection; Hintergrund minimal verschleiert; sonst normal. S $= {^6/_6}$. Jäg. 1. Auf 1 Tropfen Atropin maximale Mydriasis. Tension gut. Rechts: keine Injection.

18. Februar. Zunahme der pericornealen Injection. Leichte Verfärbung der Iris; Mydriasis besteht noch von gestern. Da es ungewiss ist, ob es sich um einen ähnlichen Process in seinen allerersten Vorläufern wie am anderen Auge oder um eine beginnende sympathische handelt, wird Pat. aufgenommen und das rechte Auge enucleirt. Ausserdem einmal täglich ein Tropfen Atropin; warme Cataplasmen; innerlich 0.0075 Calomel $^1/_2$stündlich bis zur Salivation.

21. Februar. Iris suspect verfärbt; vereinzelte hintere Synechien; Pupille etwas kleiner. S $= {^6/_6}$ mit $+ \dfrac{1}{36}$.

24. Februar. Cornea etwas trübe; Kammerwasser ebenfalls; Iris trübe, stark verfärbt; im Pupillargebiet eigenthümlich graue, flockige Massen. Leichte diffuse Trübung im vorderen Glaskörper; starke pericorneale Injection; Tension vermindert. $S = \frac{6}{24}$ mit $+ \frac{1}{36}$.

28. Februar. Stat. id. — Augenhintergrund verschleiert, nichts Abnormes sichtbar.

3. März. Aeusserlich Status idem; Glaskörpertrübung hat zugenommen; $S =$ Finger in 5 m. Calomel innerlich ausgesetzt. Inunctionscur à $5._0$ Ung. ciner.

8. März. Pericorneale Injection nimmt zu; im Pupillargebiet leichte Exsudatschwarte. Pupille verengert sich mehr. Zahlreiche hintere Synechien; Iris verlöthet sich mehr flächenhaft mit der vorderen Linsenkapsel. Irisgewebe selbst trübt sich immer mehr. Glaskörpertrübungen nehmen zu. Augenhintergrund nur noch undeutlich zu erkennen. Spannung matsch. $S =$ Finger in 4 m.

10. März. Zu der übrigen Ordination noch Schwitzcur.

15. März. $S =$ Finger in $1\frac{1}{2}$ m. Sonst stat. id.

20. März. $S =$ Handbewegungen. Sonst stat. id. Pat. verlässt die Anstalt und stellte sich nicht wieder zur Untersuchung.

Fassen wir nochmals kurz die Hauptmomente der vorstehenden Krankengeschichte zusammen, so sehen wir bei einem 24jährigen Manne, der unter ausgesprochen meningitischen Erscheinungen erkrankt ist, am dritten Tage der Erkrankung, das rechte Auge völlig erblinden an metastatischer Chorioiditis mit sich entwickelnder Panophthalmie und Vereiterung des Orbitalzellgewebes, und nachfolgender Phthisis bulbi. Am 14. Tage: Verlust des Hörvermögens auf dem rechten Ohr unter andauernden starken Kopfschmerzen. Ca. $2\frac{1}{2}$ Monate nach dem Beginn der Erkrankung des rechten Auges: Auftreten einer sympathischen Entzündung des linken, die in ca. 1 Monat zu fast vollständiger Erblindung führt, trotz der sofort ausgeführten Enucleation des

phthisischen rechten Auges und energischer Mercurialbe,
handlung.

———

Klinische Erfahrungen machen es im höchsten Grade
wahrscheinlich, dass bei der Genese der sympathischen
Ophthalmie eine Infection des primär verletzten Auges eine
conditio sine qua non ist. Allein könnte nicht die in Folge
der Infection eintretende Entwicklung chemisch wirkender,
septischer Stoffe das eigentliche schädliche Agens sein?
Gesetzt es wäre so, dann dürfte man ja weiterhin annehmen,
dass die Ueberleitung dieses chemisch wirkenden Virus in
das zweite Auge auf den Lymphbahnen vor sich ginge. Und
da wäre es aus klinischen Gründen zunächst mindestens
sehr zweifelhaft, dass die hier in Frage kommenden Lymphbahnen ausschliesslich die im Sehnervenapparat sein sollten.
Existiren denn keine anderen communicirenden Lymphwege
zwischen beiden Orbitae? Wenn man bedenkt, wie so oft
nach Operationen, die mit Blutungen in die eine Orbita
einhergehen, nach einigen Tagen blutige Sugillation der
Lider und der Conjunctiva des anderen Auges ohne blutige
Verfärbung der verbindenden Nasenwurzel beobachtet werden,
so könnte man ja zu dem Schlusse geneigt sein, dass auch
hier im vorderen Theil der Orbita communicirende Lymphbahnen nach der anderen Orbita vorhanden seien. Einen
Anhaltspunkt dafür finde ich noch in der von Deutschmann gegebenen Beschreibung der Gifford'schen Experimente von Einspritzung von Milzbrandbacillen in den Glaskörper. Unter 25 Fällen fand Gifford 3mal Bacillen im
Perichorioidealraum des anderen Auges. In einem von diesen
Fällen ging nun der Weg, den die Bacillen nahmen, nicht
auf der gewöhnlichen Bahn durch den Centralcanal, entlang
den Centralgefässen, in die Orbita und von da in die Schädelhöhle, sondern auf einem noch nicht bestimmten Pfad nach
vorne in den Tenon'schen Raum und von dort in die
Schädelhöhle.
    Zu einem analogen Schluss kommt man auch durch

die directe Betrachtung des Krankheitsbildes der sympathischen Entzündung selbst.

In dem allgemein als Typus der sympathischen Ophthalmie geltenden Krankheitsbilde zeigt sich die Erkrankung stets zuerst als Entzündung des vorderen Bulbusabschnittes, und zwar des vorderen Theiles des Uvealtractus. Ihre allerersten Anfänge sind ja bekanntermaassen oft ganz unscheinbar und können dem ungeübten Auge als ganz ungefährlich erscheinen. Jedoch aus den anfangs so geringfügig erscheinenden Symptomen — vereinzelte hintere Synechien, leichte Injection, Lichtscheu — entwickelt sich das so gefürchtete Bild der plastischen Iridocyklitis mit seiner typischen Schrumpfungstendenz, und zu der Entzündung des vorderen Bulbusabschnittes gesellt sich dann später die Betheiligung der übrigen Bulbustheile hinzu. Dieses Krankheitsbild meinen wir, wenn wir schlechtweg von sympathischer Entzündung reden; es gewährt meist eine höchst ungünstige Prognose.

Ein anderer auch unzweifelhaft zur Gruppe der sympathischen Entzündung gehörender Symptomencomplex scheint sich dagegen zuerst am hinteren Pol zu etabliren und von hier aus allmählich nach vorne fortzuschreiten. Gewöhnlich finden wir hier eine Papillitis mit angrenzender Retinitis, Chorioiditis und entzündlicher Infiltration der hinteren Glaskörperpartien; dazu kommen noch entzündliche Veränderungen im vorderen Bulbusabschnitte, meist unter dem Bilde einer Iritis serosa. Im stricten Gegensatze zu der ersten Form gewährt diese zweite in den meisten Fällen eine relativ viel günstigere Prognose. Jedoch ist ihr Krankheitsbild noch nicht so genau detaillirt und klinisch festgestellt, wie es einer exacten Forschung wünschenswerth erscheinen muss. Zur weiteren Vervollständigung dieses Krankheitsbildes ist jede Mittheilung einschlägiger Beobachtungen höchst wichtig.

Ausserdem sind nun noch — wie ein Ueberblick über die in Deutschmann's Arbeit zusammengestellte Litteratur angiebt — eine grosse Anzahl anderer Entzündungsvorgänge als Ausdruck einer sympathischen Entzündung beschrieben worden. Jedoch glauben wir, deren Zugehörigkeit zur Gruppe der sympathischen Entzündung vollständig leugnen zu müssen. Als Ausdruck einer sogen. sympathischen Reizung oder Neurose können ja auf nervöser Basis die verschiedensten Zustände am anderen Auge sich zeigen. Allein so bedrohlich manchmal auch die dadurch ausgelösten Erscheinungen sein können, so haben sie doch mit der sympathischen Entzündung und deren Gefahren absolut nichts gemein. Auch ist mehr wie zweifelhaft, ob dieselben als constante Vorläufer einer später eintretenden wirklichen sympathischen Entzündung betrachtet werden dürfen.

Nach alledem erscheint es aus klinischen Gründen vielleicht gar nicht wahrscheinlich, dass die Uebertragung des zur sympathischen Ophthalmie führenden Virus immer auf ein und denselben Bahnen vor sich geht.

Möglich ist's aber, dass hier besser, als alle Thierexperimente, die Geschichte der Resection des Opticus uns einen richtigen Aufschluss geben kann. Bleibt nämlich, wie schon eingangs gesagt, in tausend Fällen, die zur sympathischen Entzündung führen können, nach einer rite ausgeführten Resection die sympathische Ophthalmie wirklich aus, dann dürfen wir wohl mit Sicherheit annehmen, dass die Ueberleitung des Virus stets auf dem Sehnervenweg geschieht. Und die anatomische Möglichkeit für diese Ueberleitung experimentell nachgewiesen zu haben, das ist Deutschmann's unbestrittenes Verdienst.

Ziehen wir nun aus vorstehender Arbeit kurz das praktische Résumé, so ergiebt sich Folgendes:

1. In allen Fällen, wo die Kranken durch ihr erblindetes Auge direct und ausschliesslich leiden, oder wo ausserdem noch eine sympathische Reizung, Neurose, des anderen gesunden Auges besteht, ohne die Gefahr des Eintrittes einer wirklichen sympathischen Entzündung, ist die Enucleation durch die Resection des Opticus zu ersetzen.

Letztere leistet in allen Fällen dasselbe, ohne den

Bulbus zu opfern, der in seiner Configuration ja oft genug nicht im mindesten verändert ist. Hier bedeutet die Resection eine wesentliche Bereicherung unseres Operationsverfahrens.

2. In allen Fällen, wo eine sympathische Ophthalmie befürchtet werden kann, — einschliesslich Corpus alienum in bulbo — sollte in Zukunft von recht vielen Collegen, die über ein hinreichendes Material verfügen, so lange kein Misserfolg bekannt ist, methodisch die prophylaktische Resection ausgeführt werden; in erster Linie als Ersatz für die Enucleation, sodann auch um die Frage nach der Ueberleitungsbahn der sympathischen Entzündung in der einzig möglichen Weise definitiv zu klären. Sollte trotz rite ausgeführter Resection doch eine Sympathische sich einstellen, wie es ja bis jetzt zweimal nach der Neurotomie beobachtet wurde (Leber's Fall und unser vorstehender Fall), so muss sofort Mittheilung darüber erfolgen. Dann würde ja diese zweite Indication für immer schwinden und nur die Enucleation zu Recht bestehen bleiben.

Möglich ist's, dass in Fällen, die unter Nr. 1 zu rubriciren sind, die wirklich ausgeführte Neurotomie dasselbe leistet, wie die Resection. Doch glauben wir principiell auch hier die Resection und nicht die Neurotomie verlangen zu sollen.

In allen Fällen dagegen, in denen eine sympathische Ophthalmie befürchtet werden kann, wo eine Continuitätstrennung der Augenhäute stattgefunden hat, muss eine genügende Resection ausgeführt werden. Sollte sich im Lauf der Operation herausstellen, dass gar kein oder ein zu kurzes Stück des Opticus herausgeholt wird, so muss sofort die Enucleation angeschlossen werden, die dann ja absolut keine Schwierigkeiten mehr bietet.

Aus zwei Gründen könnte wohl der eine oder andere College sich einstweilen noch von der Ausführung der Resection abhalten lassen.

1. Wegen technischer Schwierigkeiten Doch wieder-

hole ich hier nur, dass jeder, der die Resection nach obiger Beschreibung ausführt, sicherlich in ganz kurzer Frist die nöthige technische Fertigkeit sich angeeignet haben wird.

2. Weil doch die meisten Bulbi nach Verletzungen phthisisch würden und so ja eigentlich kein Vortheil aus der immerhin doch noch nicht sicheren Resection erwachse. Hier betone ich, dass von unseren resecirten Patienten aus der Poliklinik kein einziger aus kosmetischen Gründen das Bedürfniss nach einem künstlichen Auge hatte. Die Leute waren alle mit ihrem Bulbus sehr zufrieden und konnten oft ihrer Freude über die Erhaltung des — wenn auch phthisisch gewordenen — Bulbus nicht lebhaft genug Ausdruck geben. Sollte aber einer ein künstliches Auge tragen wollen, so ist selbst der kleinste Stumpf von grossem Vortheil beim Tragen eines künstlichen Auges sowohl hinsichtlich der Beweglichkeit, als auch hinsichtlich der Verminderung der conjunctivalen Reizerscheinungen.

Zum Schlusse spreche ich Herrn Dr. Hermann Pagenstecher für die Ueberlassung des seltenen Materials und für die freundliche Unterstützung, die er mir bei Anfertigung dieser Arbeit zu Theil werden liess, meinen aufrichtigsten Dank aus.

www.ingramcontent.com/pod-product-compliance
Lightning Source LLC
Chambersburg PA
CBHW022021190326
41519CB00010B/1559